用麴實現美味・健康・永續新生活

驚人的發酵力

麹親子の発酵はすごい！

山元正博、山元文晴——著

婁美蓮——譯

方舟文化

前言

山元正博（以下簡稱「正博」）：「大家好，我是鹿兒島縣種麴老鋪的第三代傳人山元正博。」

山元文晴（以下簡稱「文晴」）：「我是第四代傳人山元文晴，本業是醫生，如今已經回歸麴的世界了。」

正博：「說到麴和發酵，各位最先想到的是什麼？應該是某種我們很熟悉的調味料，鹽麴是吧？」

文晴：「還有就是甘酒，女性應該都知道它的好處。」

正博：「是的，鹽麴也好，甘酒也罷，都是把麴攝入人體的好方法，至少嘗起來是美味的。但是，**其實麴和發酵並沒有大家**

山元正博

農學博士，源麴研究所（股）會長，鹿兒島縣百年歷史麴屋的第三代傳人。就讀東京大學農學院，並於同所大學取得碩士（農學院應用微生物研究所）學位。畢業後，進入河內源一郎商店（股）工作。1990年開設觀光工廠燒酌公園「GEN」。取經捷克啤酒，並於1995年催生出「霧島高原啤酒」，為日本精釀啤酒風潮的先驅。1999年創辦「源麴研究所」，不僅把麴變成食物，更把麴作用完後的食品殘渣做成飼料，應用在畜產上，持續研究麴的功效。曾獲頒環境大臣獎。

想像得那麼簡單，它的力量可強大了。」

文晴：「沒錯，**對美容和健康都非常有效**。一堆數據和資料都可以證明。」

正博：「難怪大家會認為它比較適合女性，但是其實對男性的頭髮也很有幫助。」

文晴：「身為醫生，我可以拍胸脯保證，它對**治療高血壓、高血脂等所謂的代謝症候群，也有非常優異的表現**。」

正博：「對日本人而言，麴和發酵食品是再熟悉不過的存在，大家太習以為常了，根本沒有人會對它的功效進行檢驗。然而，麴的力量簡直令人嘆為觀止。」

文晴：「是啊！我也還在學習中。這麼了不起的東西，我之前竟然完全不知道。」

正博：「**麴不僅在美容或健康方面，對人體功效卓著，其實對解決環境問題，也能有所貢獻**。我想讓大家更了解它的好處，不只是以麴入菜，更把麴應用在日常生活中，才會撰寫這本書，就讓我們一起**深入探討麴的驚奇世界**吧！」

山元文晴

醫生，山元正博之子，鹿兒島縣百年麴屋的第四代傳人。東京慈惠會醫科大學醫學院畢業。進入獨立行政法人國立醫院機構鹿兒島醫療中心，擔任臨床實習醫生，並在鹿兒島大學醫學院第二外科專攻心臟血管外科、消化器官外科。身為醫生的他，在和患者接觸的過程中，發現麴對醫療的可能性，因而返回家鄉，進入錦灘酒造株式會社工作。之後攻讀東海大學醫學研究所的先端醫科學課程，成功獲得博士學位。為了多方累積麴對人體功效的臨床案例，迄今仍在持續研究。

目錄

前言……2

CHAPTER 1

麴是微生物送給人類的最佳禮物

執筆：麴博士・山元正博

該是正視日本國菌「麴菌」力量的時候了……13
麴到底是何方神聖？又有多少種類？……15
把麴帶出國會被拒絕入境!?其實它是無毒的神奇微生物……19
剪不斷，理還亂，麴與日本食物的關係……23
九州的燒酒旋風：從河內菌、種麴老鋪，到麴痴第四代，一路走來的心路歷程……25
二十一世紀的麴世界，不再只有米麴和麥麴……31

麴會吃東西，也會排泄!?發酵到底是怎麼一回事？……33
發酵和腐敗其實是同一種現象！發酵讓食物變美味，讓營養更好吸收……38
再不把日本的好麴推廣出去就不妙了……41
好麴是怎樣的麴？能產生大量酵素的就是好麴……44
不僅明顯改善腸道菌群，更能排除農藥與輻射的毒素……46

CHAPTER 2

麴對健康、美容的驚人效果！

執筆：麴醫生・山元文晴

麴本身也好，用麴加工的食品也罷，對營養和健康都很有幫助……55
麴最大的功能便在於「改善腸道環境，增加酪酸菌」……58
不可偏好單一菌種，腸道菌種類越多越好……62

麴的驚人力量：讓NK細胞、抑制性T細胞增加↓「提升免疫力」……65
異位性皮膚炎、花粉症的人有福了↓「緩解過敏症狀」……68
正常排便是當然的，便便還很漂亮↓「改善便祕」……72
吃麴擊退三高①↓降血壓……73
吃麴擊退三高②↓降血糖……75
吃麴擊退三高③↓降血脂……77
減少脂肪、增加肌肉!?↓「麴的減壓、瘦身效果」……79
特別適合胃不好的人、年紀大的人↓「麴的促進消化功能」……82
不管幾歲都活力滿滿↓「麴有助減輕更年期障礙」……84
少子化問題的解方!?↓「麴的助孕效果」……86
緩解風濕症狀↓「抑制自體免疫疾病」……88
最先獲得國家認證的美白有效成分↓「麴的美白效果」……90
七十歲還能長出頭髮！↓「麴的生髮效果」……93
遠離老人味↓「消除惱人體味」……96
吃麴讓你老康健↓「延長健康壽命」……98

麴的無所不能↓「對付各種癌症」……100

CHAPTER 3

既「美味」又「健康」，吃麴一舉數得！

執筆：麴博士・山元正博／麴醫生・山元文晴

和食調味料處處可見麴的蹤影……107
吃麴妙方①「鹽麴」：要確定有沒有酵素，有酵素才有效……109
「鹽」的作用在防止腐壞，濃度、比例很重要……112
百搭的萬能調味料：自製「鹽麴」……113
使用「鹽麴」的簡單料理……115
吃麴妙方②「甘酒」：把天然甜味搬上餐桌……119
來一杯甘酒：夏天消暑解渴或是幫孩子調整體質就靠它！……121

自製日本傳統的活力飲料「甘酒」……125
使用「甘酒」的簡單料理……127
吃麴妙方③「麴水」：輕鬆享受麴的好處……129
榮獲世界第一名餐廳認證，超越白酒的調味料……131
自製內服、外敷效果都一級棒的「麴水」……133
【番外篇】用「麴」呵護你的肌膚……135

CHAPTER 4

用麴實現永續新生活

執筆：麴博士・山元正博

最近引發熱議的ＳＤＧｓ，破解的鑰匙就在麴身上!?……139
麴對環境問題的貢獻①：利用麴的發酵熱，讓燒酒廢液的水分自然蒸發……142

麴對環境問題的貢獻②：在麴的幫助下，廚餘、剩食變身為飼料!? …… 144
麴對環境問題的貢獻③：餵食麴飼料可以大幅降低豬糞的惡臭 …… 149
麴對環境問題的貢獻④：麴飼料豬的糞便是非常棒的肥料 …… 151
吃麴的家畜肥美又健康①：麴飼料讓家畜快快長大 …… 155
吃麴的家畜肥美又健康②：肉和蛋的品質都提升了 …… 157
吃麴的家畜肥美又健康③：不僅牛隻健康，牛乳產量也增加 …… 159
麴可以做到理想的資源回收再利用 …… 161
基因改造本身並不可怕!?用麴解農藥的毒！ …… 163
麴什麼都沒做？關鍵在「共生」 …… 166
父子對談：沉迷於麴的魅力，無法自拔 …… 172

CHAPTER 1

麴是微生物送給人類的最佳禮物

執筆：麴博士・山元正博

麴作為食物，
可以提升人體的免疫力，
自然不在話下，
其實它更潛藏著——
拯救地球日益嚴重環境汙染問題的
可能性。

該是正視日本國菌「麴菌」力量的時候了

大家好，我是一出生就和麴打交道，鹿兒島縣「種麴老鋪」的第三代傳人山元正博。

你有在吃麴嗎？各位對麴的認識，是不是僅止於製作味噌、醬油、燒酒或日本酒的原料？我想大多數的日本人，在成長的過程中，肯定、絕對都接觸過麴。然而，最近大家越來越不吃了，光看味噌的個人消費量[*1]逐年遞減就可以知道。

其實，這是非常嚴重的事。

因為**長久以來，日本人在不知不覺中一直承受著麴的恩惠**。從古至今，麴不僅是**打造我們身體的重要材料**，更是**支持、維護健康的中流砥柱**。

以前不曾有人認真研究，麴對人體到底有何好處。就算想要這麼做，但是研究、技術也跟不上，總是有所限制。

然而，出生在製麴世家，從小在製麴工廠長大的我，多麼希望能拿出具體的證

---

*1 參見日本全國味噌工業協同組合聯合會，「各都道府縣廳所在城市每人每年的味噌消費量（公克）（不分年齡層）平成十二年（二〇〇〇年）至二十二年（二〇一〇年）」。

據，讓大家親眼目睹麴的偉大。

因此，我一路摸索，不斷從各個層面去實驗並實踐，終於一步步發覺麴擁有的強大力量。

接下來，我將詳細說明麴的神奇之處，比方說，**提高人體免疫力、排除農藥或輻射的毒素**等。

大家千萬不要以為這都是我「自以為是」，只是我個人的感覺或感想，這些全是有憑有據的研究成果。

對於**曾經遭遇東京電力福島第一核電廠事故，至今仍暴露在新冠病毒等威脅下的日本人而言，麴都是我們必須吃的食物**。

麴不僅對人體有著諸多好處，對我們飼養的牲畜、賴以為生的土壤，都有很棒的功效，就連地球的環境問題，也可以利用麴大致獲得解決。

雖然我研究麴已經那麼多年了，卻還是經常被它的潛力所驚豔，驚嘆「這是多麼不可思議的生物啊！」還有許多部分是我不懂、不知道的。

最讓我覺得不可思議的是：「麴從來不是主角」這一點。

麴不會只求自己表現，不會堅持什麼都要自己來，而是會吸引志同道合的夥伴，讓它們發光發熱，一起為人類、動物、地球創造出最大的利益。

是**麴教會我們，什麼叫做「共榮」、什麼叫做「雙贏」**。

麴可以說是神明賜給人類的最佳禮物。

這個東西誕生在日本，因為有著先人的努力，我們才能不斷琢磨、精進，並把應用麴的技術傳承下去。感恩之餘，我想要更了解麴的力量，並且發揚光大。

這是身為製麴老鋪傳人的我最大的願望。

麴到底是何方神聖？又有多少種類？

話說，我們經常掛在嘴邊的麴，到底是什麼東西？對此有正確認知的人，出乎意料的少之又少。甚至還有人認為，「麴」、「酵母」[*2]和「酵素」[*3]，都是同樣的

*2
是微生物的一種。「酵母吃進葡萄糖，產生酒精，並釋出二氧化碳的過程」，稱為發酵。人類利用這個過程，進行酒或麵包的製作。

*3
不是生物，而是生物體內，作為催化劑，促進物質分解的分子。由於它和消化、代謝有關，因此是所有生命體不可或缺的存在。

東西。

在此，我想先針對麴做一番詳盡的說明。

所謂麴，指的是名叫麴菌的微生物，而**麴菌則是黴菌的同夥或同類**。

「咦？把黴菌吃下肚，沒有問題嗎？」你是否產生了這樣的疑問？沒事的，日本長達一千年以上的歷史完全可以證明。至於為什麼會沒事，正是接下來我要說明的。

利用蒸熟的米產生的麴菌，稱為「米麴」；利用麥子產生的麴菌是「麥麴」；而利用豆子產生的麴菌，則是「豆麴」。

日本存在著各式各樣的麴菌，其中和酒有關，最具代表性的麴菌有以下三種：

- **黃麴：主要用於製造日本酒或甘酒／不會產生檸檬酸**
- **黑麴：主要用於製造燒酒或泡盛／會產生檸檬酸**
- **白麴：主要用於製造燒酒／會產生檸檬酸**

其實，這裡面的其中一種黑麴，還有大名鼎鼎的白麴，都是我外公河內源一郎

麴菌小檔案

我可是
日本國菌！

日文發音	こうじきん（kōjikin）
日文名稱	**麴菌**
所屬類別	**黴菌（真菌）**
生長環境	**充斥於空氣中。喜歡溫暖、潮濕的環境。**
功能作用	**附著於澱粉或蛋白質上，以它們作為食物。吃下它們後，會產生大量酵素，並在酵素的作用下，將原有物質分解。**
外觀、形狀	**寬5～10μm（微米）、呈支鏈絲狀的菌絲可延伸長達10cm以上，從名為腳細胞的菌絲底座往上抽出細長的分生孢子梗。分生孢子梗的最頂端是圓頭狀的頂囊，頂囊上再生出如蒲公英棉絮般的小梗，小梗上附著蓬鬆的孢子。**
喜歡的食物	**米、麥、大豆、麵包等**
活力最好的時候	**溫度：30～40°C　濕度：60%以上**

主要家庭成員

黃麴

日本米麴黴。主要用於製造日本酒（清酒）、甘酒。明治時代以前，人們只使用這種麴菌。

黑麴

泡盛麴黴。源自沖繩，由河內源一郎分離、培養出的泡盛黑麴菌，主要用於製造沖繩的泡盛，以及部分的九州燒酒。

白麴

河內白麴黴。從黑麴黴變異而來，保留黑麴色、香持久的特徵，能夠釀出風味絕佳的燒酒。九州大部分的燒酒都用它來釀造。

其中黑麴、
白麴是我外
公發現的。

其他近親兄弟

醬油麴黴→醬油

灰綠麴黴→柴魚

青黴菌→藍紋起司

紅麴黴菌→豆腐乳

發現的。直到明治時代為止，日本用於釀酒的麴菌只有黃麴*4，就連燒酒也是用黃麴釀成的。

然而，鹿兒島地處炎熱，以前也沒有冷藏設備，有一年杜氏（日本酒藏的最高技術指導者）向外公反映：「用黃麴釀造的燒酒都餿了。」這時外公想到了沖繩黑麴，「沖繩比鹿兒島還要炎熱，怎麼人家釀的泡盛*就不會壞呢？」

經過外公一番調查後發現，沖繩的黑麴會產生檸檬酸，而檸檬酸本身具有防腐的作用。於是，他決定引進黑麴。

就這樣，外公找來泡盛用的麴菌，全心投入黑麴的實驗與研究。終於，在明治四十三年（一九一〇年），他成功從泡盛的麴菌培養出最適合釀造燒酒的「泡盛黑麴菌」。用該種麴菌釀造出的燒酒，香氣芳醇，口味濃烈又甘甜，一時之間，用「泡盛黑麴菌」釀造燒酒的風潮，在整個九州蔓延開來。

然而，外公並不以此自滿，用「泡盛黑麴菌」釀造的燒酒，風格太過獨特，他希望能研發出讓更多人喜愛、更平易近人的酒款，努力不懈地研究著。

時間來到大正十三年（一九二四年），他在某個培養皿中發現長得不一樣的淡褐色黴菌，於是嘗試將它培養出來。

---

*4 以前釀造日本酒或燒酒都只使用黃麴，也就是一般俗稱的黃麴菌。由於黃麴不會產生檸檬酸，所以多用於製造醬油、味噌，或是寒冷地區的日本酒。

*編注 琉球群島特產的蒸餾酒。

用該菌種釀製的燒酒，比用「泡盛黑麴菌」釀造的燒酒，香氣更濃，口味也更柔順，是十分美味的燒酒。不僅如此，這種黴菌和黑麴一樣，在發酵的過程中也會產生檸檬酸，卻擁有不會使酒缸染色變黑的特性。

這是從黑麴菌變異而來的新種麴菌。

它便是外公發現的「河內白麴菌」。

就這樣，**現今釀造清酒、燒酒不可或缺的黃、黑、白麴菌，總算湊齊了**。

把麴帶出國會被拒絕入境!?其實它是無毒的神奇微生物

麴是一種黴菌，那為什麼把黴菌吃下肚會沒事呢？

味噌湯、醬油或酒都是用麴做成的，日本人可以說每天都在吃黴菌。這種飲食文化已經持續了一千年以上，事實證明，完全沒問題。如果麴有毒，吃的人不是全都死了嗎？

再者，在其他國家也有類似的食物，像是表面附著青黴菌的藍紋起司，或是源自中國、沖繩，用黃麴或紅麴發酵製成的豆腐乳等。從以前，人們就會吃長麴或發霉的食物。世界各地的人類，經由不斷的嘗試錯誤，從經驗法則得知，吃它們是沒問題的。

不過，日本的麴菌確定沒問題，是直到今天才搞清楚的。

近年來，基因組解析、遺傳鑑定的技術比較進步，可以針對麴菌的基因進行詳細研究，結果發現：**「日本的麴菌在遺傳上，沒有會產生黴菌毒素的基因」**。

通常所謂的黴菌，絕大部分都具有會對人體產生不良影響的毒性。然而，麴就像發生基因改造一般，天生缺乏調節因子*5與致癌因子*6，也就是說，它並沒有會產生黴菌毒素的基因。這個結果實在太驚人了。

事實上，沖繩有一部分黑麴具有毒素，但是我外公發現的「泡盛黑麴菌」（河內菌），已經被證實是無毒的。

話說，「麴沒有會產生毒素的基因」，直到最近才被證實，這讓當初要把麴菌輸出國外的我們吃盡苦頭。

怎麼說呢？你看黃麴、黑麴、白麴的拉丁學名，分別如下：

---

*5 調節因子：用來控制其他基因表達的因子。

*6 致癌因子：引發癌症的起始因子。

・**黃麴・・Aspergillus oryzae**
・**黑麴・・Aspergillus luchuensis var. kawachii**
・**白麴・・Aspergillus luchuensis mut. kawachii**

日本人每天都會吃到的「Aspergillus」（麴菌），到了國外卻被視為病原菌的代表。據說，有一種名叫「aflatoxin」*7的毒素，毒性是戴奧辛（Dioxin）的數十倍，而會產生這種毒素的黴菌，學名就叫做「Aspergillus flavus」。

是不是聽起來很像（笑）？

是的，正因為麴的學名全都有「Aspergillus」這個字，所以外國的學者一看到，就認為：「這不是有毒的黴菌嗎？不准攜帶入境！請證明它的安全性！」

不僅如此，那個會產生黃麴毒素的「Aspergillus flavus」和同屬黃麴的「Aspergillus oryzae」（日本米麴），所形成的菌落型態還十分相似，肉眼根本分辨不出來，真讓人傷腦筋。

話說，麴如果被認定是毒的話，日本的傳統食物或酒不僅做不成，也不可能出口，這對經濟是非常重大的打擊。

---

*7 由名叫黃麴黴菌（Aspergillus flavus）的黴菌所產生的毒素，大量攝取會引發急性肝炎或肝細胞癌化。根據日本《食品衛生法》規定，黃麴毒素的檢出，每公斤不得超過十微克（μg，一微克等於一百萬分之一公克）。

於是舉全國之力，學者紛紛投入麴菌的基因解析，最後終於證明麴菌沒有會產生毒素的基因，這樣的基因已經消失了，這才讓人鬆了一口氣。真是太好了（笑）。

長得幾乎一模一樣的黴菌，一個會產生致死毒性，另一個卻能讓食物變美味。這真是太不可思議了，但卻是事實。

不僅如此，早在西元八〇〇年前，酒就已經在日本出現，從飛鳥時代到奈良時代，人們已經會用麴製造出米醋之類的東西，據說在那時候，醬油或味噌也有了雛形。我在想，當初肯定是從蓬鬆的麴菌孢子到處飛，碰巧落在米飯上開始的吧？事實上，我的外公就曾把裝有培養液的竹筒吊掛在樹林裡，藉此收集不一樣的麴菌。

從前的日本人即使不懂基因，缺乏遺傳學的知識，也知道「食物發霉，反而更美味了」、「黴菌可以使食物變好吃」的道理，於是**想辦法和這些黴菌打交道，探索、研究、實踐善加利用它們的方法，進而發展出豐富多彩的飲食文化**。

日本人好厲害！一邊在心裡讚嘆的同時，我更覺得麴菌這種東西，真是神明賜給人們的恩惠。

剪不斷，理還亂，麴與日本食物的關係

日本人找到與麴菌和平共處的方法，更利用它來製作各種食物或酒，到底用麴做出的食物有哪些?從結論來說，日本的酒，甚至和食使用的調味料，幾乎都是用麴製成的。

日本食物就等於麴，即使這麼說也不過分。就連熬湯用的柴魚（鰹節），也是用麴菌的近親製作而成（製作納豆用的並非黴菌，而是細菌，另當別論）。

當然，不是只是把長了麴、發了霉的東西，直接吃下肚那麼簡單，而是利用它，讓它和其他物質一起作用，經由發酵（關於發酵，第三十三頁會詳細說明）這個過程，得到我們想要的食物。但是無論如何，沒有麴，任何調味料、酒都做不成。換句話說，登錄在聯合國世界非物質文化遺產名錄[8]上的「和食」，沒有「麴」的話就不可能存在，所以被認定為「國菌」[9]，也是理所當然的。

---

*8 二〇一三年，表現日本人「尊重自然」的精神，作為「社會習俗」而代代相傳的食物，「和食」（日本傳統的飲食文化），被列入世界非物質文化遺產名錄。

*9 日本釀造學會在二〇〇六年將「麴菌」認定為日本「國菌」，這裡的「麴菌」包括黃麴菌、醬油麴菌、黑麴菌、白麴菌等。

利用麴製造的代表性食物・飲料

味噌
主要材料
米麴或麥麴、大豆、鹽

日本酒
主要材料
米麴、米、水

味醂
主要材料
米麴、糯米、米酒或釀造用酒精

醬油
主要材料
醬油麴黴、大豆、小麥、鹽、水

燒酒
主要材料
米、麥、甘薯等原料、黑麴、白麴、水

柴魚
主要材料
鰹魚、灰綠麴黴

穀物醋
主要材料
米、穀物、水果等原料、麴、水

甘酒
主要材料
米麴、米、水

九州的燒酒旋風：從河內菌、種麴老鋪，到麴痴第四代，一路走來的心路歷程

前面講到黑麴菌和白麴菌的時候，什麼介紹都沒有，就突然提到我的外公，現在容我簡單地把我家和麴的淵源重新說明一遍。

我的外公河內源一郎出生在世代製作味噌、醬油的世家，因此從小就在「發酵」與「麴」的環境下長大。他在大學畢業後，成為大藏省公務員，負責輔導鹿兒島、宮崎、沖繩等地的味噌、醬油、燒酒釀造業[*10]，主要業務就是巡視各地的燒酒藏（作坊）、味噌醬油藏，提供技術指導。事實上，**現在的燒酒釀造工法幾乎是在外公手裡確立的**。當時的燒酒多為腐造，政府不僅課徵不到酒稅，製造燒酒的過程也存在一定的風險（因為酒精濃度過高）。因此，外公積極研究關於麴菌的一切，**從沖繩的「筵麴」[*]中發現「泡盛黑麴菌」，更進一步發現「河內白麴菌」**。

用「泡盛黑麴菌」釀造的燒酒被譽為「新燒酒、時髦燒酒」（ハイカラ燒酎），非常受歡迎，一下子就在全九州普及。

＊10 以大藏省技術官員的身分，進入公務員體系，前往熊本稅務監督局任職。為了從日本酒、燒酒的營收課徵到酒稅，當時負責管轄釀造業的是稅務監督局，現在則是國稅廳。

＊譯注 筵的日文為むしろ，指稾蓋，用稻稈、麥稈或玉米桿等編織而成的蓋子，覆蓋在蒸熟的米飯上。

之後發現的「河內白麴菌」，所產生的香氣和甘醇美味，讓原本已經很滿意黑麴菌的杜氏和釀酒師也受到吸引，紛紛嘗試採用「河內白麴菌」。可以說，**近年來全日本、世界性的燒酒風潮，都是由「河內白麴菌」帶領的**。各位熟知的各種燒酒，也有很多是用「河內白麴菌」釀製而成。

就在昭和六年（一九三一年），外公辭去大藏省的工作，創辦「河內源一郎商店」，開始從事「種麴」的製造與販售。

因為有了這番經歷，**外公成為世人口中的「麴之神」**。

然而天妒英才，外公在六十六歲驟然離世，他沒有把衣缽傳給自己的兒子，而是傳給女婿，也就是我的父親山元正博。

這裡先打岔一下，各位知道什麼是「種麴」嗎？一般來說，在蒸熟的米上撒上、鋪滿種麴，培養三天左右，就能當作麴使用。把這種麴再培養五天，表面上就會長滿黃色、黑色或茶色的孢子，這便是麴菌的種子。所謂「製麴」，就是「在蒸熟的米上鋪滿麴菌，讓它的表面附著長滿麴菌的孢子」。

燒酒也好，清酒也罷，都需要「種麴」，也都需要經過這道「製麴」的過程才有辦法釀造。

進一步來說，利用酒製作的醋，利用米麴製作的味噌、味醂，沒有「種麴」都做不成，這也就是**「種麴」會是和食根基**的原因。

而製造「種麴」，正是我家的事業。父親雖然繼承這個事業，卻沒有從外公那裡得到任何配方，可以說他自己也是從零開始摸索。

父親原本是研究微生物培養的學者，突然投入種麴製造的行業，經過不斷的嘗試、錯誤、再嘗試，終於步上軌道，最後更發明出「河內式自動製麴裝置」這樣的設備。

製麴最大的難處、最辛苦的地方，在於長時間的溫度管理。如果管理過程可以自動化，可說是劃時代的發明。「河內式自動製麴裝置」非常成功，一時之間九州八成的燒酒工廠都採用這項設備。

父親一邊製造種麴，一邊也對「如何釀製出更美味的燒酒」非常熱衷。因此，他持續投入「醪」*11（燒酒原液）的研究。最後，終於發現香氣濃烈、酒精產量也非常高的優秀酵母*12。

有天某位杜氏來拜託父親，希望他能「研發出與眾不同、具有差異性的新種麴」，於是合全體員工之力投入研究，還真的讓他們找到具有白麴清爽明快特性的

---

*11 種麴混入水和酵母，發酵後產生的燒酒原液。

*12 這款酵母被命名為「K酵母」，並且對外販售，獲得許多燒酒藏採用，不過因為同一工廠同時生產種麴與酵母，會衍生出各種問題，後來便捐贈給公家機關的鹿兒島縣工業試驗場。

新品種黑麴[*13]。就這樣，**父親一生都致力於燒酒的研製，因而獲得「燒酒之神」的封號**。

話說，從小耳濡目染，在這種環境下長大的我又是如何呢？我在高中時，就已經決定「將來要從事和麴有關的工作」，不僅如此，我始終記得外公臨終前說的話：**「河內菌的力量絕對不僅止於此。」**我一心想要證明給世人看。

還記得剛考上大學，進入夢寐以求的發酵菌大師的研究室工作後不久，就因為前輩說「麴的研究已經到盡頭了」這句話，氣到不行。

當時，在一般人的心目中，麴這種東西單純只是「釀酒的工具」。麴會「產生酵素，分解物質」的機制已經被研究透澈，也有了定論，所以才會說它是「沒有前途」的末代學問。

可是我就是不服氣，我相信**「麴除了釀酒以外，還有其他的功用，還有很大的潛能。」**

就這樣，為了證明麴的力量，我踏上漫漫研究之路，雖然中間經過幾番曲折，但我還是回到追求麴的路上。

在展開現在專心一志研究麴的生活之前，我創辦融合燒酒、麴及捷克元素的

＊13 它被命名為「NK菌」，意思就是「新的黑麴菌」（New Kuro）。新麴菌兼具黑麴與白麴的優點，使用它釀造的燒酒，最具代表性的有「黑霧島」、「黑伊佐錦」等。

「種麴」的製作過程

1. 將已經長出孢子的麴菌稀釋，鋪平在培養皿上
2. 以30～40°C的溫度培養
3. 採取數個巨型的菌落（巨大、單一的菌塊）
4. 把從這個菌落取得的孢子鋪撒在蒸熟的米飯上
5. 檢測新長出的麴菌活力

   酵素的活性最為重要

6. 選取酵素活力最好的巨型菌落為下一代種麴
7. 將從下一代種麴取得的孢子撒在蒸熟的米上，並把它揉入米飯中

   全程在高溫的環境下作業

8. 再次將搓揉成團的麴米鋪平，視產熱的情況調整溫度

   溫度管理是製麴成功與否的關鍵

9. 耐心等待麴菌的孢子將蒸米完全覆蓋

   這個過程便是發酵！

10. 種麴完成！（前後約需5天的時間）

主題樂園：「Barrel Valley Praha & Gen」*14。在這段期間，為了把學到的正宗捷克皮爾森啤酒（Pilsner）的釀造技術推廣到全日本，我催生出「霧島高原啤酒」*15（整個過程在拙作《麴的力量》（麹のちから！）中有詳細的介紹）。

不過，最後我還是放不下「想把麴搞懂」的念頭，重新回到研究的老路上，於是我成立「源麴研究所」，全心投入麴的研究。

關於研究的結果，會在第二章和第四章詳細說明，**麴「除了釀酒以外，還有其他的功能」，這一點也會一一證明給大家看**。經由口把麴攝入體內，會對健康產生很棒的功效，但是除了作為飲品、食物外，麴還有很多功用，外公說的話一一得到證實。

就這樣，我整天過著與麴為伍的生活，而在外當醫生的兒子，也因為受到麴的魅力吸引而返回家中。兒子身為醫生，他看待麴的觀點自然與我不同，這一點讓我非常高興。

雖然有一點簡略，但這就是我們一家人歷經四代，和麴的淵源與歷史。

---

*14 該主題樂園就在鹿兒島機場附近，是主打捷克莊園風格的燒酒觀光工廠。除了可以參觀燒酒的製造過程外，也有可以品嘗捷克啤酒、料理的餐廳，是熱門的觀光景點。

*15 作者迷上捷克的皮爾森啤酒，親自前往捷克學習正統的釀造方法，並研發出新的酒款，是日本精釀啤酒的先驅。

二十一世紀的麴世界，不再只有米麴和麥麴

前面提到和日本酒、食品息息相關的麴菌，大致為黃、黑、白三種，不過關於麴的種類，請容我再深入說明一下。

在日本，作為釀酒或製造食品的原料使用的麴，基本上，不是「米麴」，就是「麥麴」。用米培養出來的麴菌稱為「米麴」，用麥培養的則稱為「麥麴」。

「米麴」的用途，主要是在清酒、燒酒、味醂、醋的釀造；至於「麥麴」，則用於製造麥味噌和麥燒酒；也有使用「豆麴」釀造的味噌，像是八丁味噌。

因此談到製麴，一般人的印象總停留在只有米、麥或豆子，才有辦法製造出麴菌。

大家認為，麴的各種型態和利用方法，已經大致完成了。除了米、麥、豆子外，麴不可能完美附著在其他有機物上。

然而，根據我長年研究麴的經驗，追根究柢、不斷實驗的結果發現，**其他的素**

材也有可能培養出麴菌。

比方說，南瓜、胡蘿蔔、牛蒡等蔬菜，都可以用於製麴，還有茶樹的葉子，甚至是豬的骨頭，都可以培養出麴菌。

如今，用米麴或麥麴已經製造出非常可口又有益健康的日本食材，為什麼還要大費周章地尋找其他素材來培養麴菌呢？

或許你會產生這樣的疑問，那是因為我發現，**依照宿主的不同，麴的活動方式或生長型態也會跟著改變，製造出來的東西也都不一樣**。

舉例來說，用正常米培養的米麴，是澱粉酶[*16]（amylase）特別強的麴菌；但是用蔬菜培養的白麴，則是纖維素酶[*17]（cellulase）較強的麴菌。換成用肉來培養的話，則會產生蛋白酶[*18]（protease）強大的麴菌。用豬骨培養麴菌，並用豬骨麴熬湯，經過十個小時，會產生比平常多出十倍的胺基酸，而且湯色是透明的，不像平常看到的豚骨拉麵，顏色是白濁的。

換句話說，麴會根據不同的宿主，量身訂做出不同的酵素，**酵素的成分不同，產生的營養價值也不一樣**。這實在太有趣了，也是我認為麴最了不起的地方。

我當然希望大家不要改變飲食習慣，繼續食用以米麴或麥麴製造的食物，但

＊16 分解澱粉，使其糖化的酵素。

＊17 水解纖維素，使其變成葡萄糖的酵素。

＊18 打斷蛋白質中的肽鍵，分解蛋白質的酵素。

是同時也希望，如果能培養出不同的麴菌，是不是它的應用方法或可能性就會更寬廣？

雖然都是麴，但卻完全不一樣，也不是一句話可以說明清楚的。

麴的種類繁多，**更會因培養它的原料不同，而呈現出不同的習性、風格與營養價值**。

百家爭鳴，繽紛多彩，這便是未來麴的世界。

麴會吃東西，也會排泄!? 發酵到底是怎麼一回事？

利用麴對酒或食品進行加工的時候，發酵是絕對不可少的過程。

麴與發酵，可以說是「公不離婆、秤不離砣」的關係。

隨著新冠疫情爆發，能「提升免疫力」的發酵食品，最近特別受到世人的矚目。

但是所謂的發酵，到底是怎麼一回事？你知道嗎？

簡單來說，發酵是**「一種過程或是技術，是利用微生物的代謝活動，讓食物變得更加美味，更容易保鮮，甚至保存。」**

這裡說的微生物，主要有三種：一是像麴之類的黴菌；二是製作麵包、啤酒的酵母菌；三是納豆菌或乳酸菌等細菌。

對日本人而言，發酵食品太容易取得了，所以我們很少認真地看待、思考，其實**它是微生物代謝的產物。微生物和我們一樣，透過進食產生能量，並排泄出廢物。發酵食物便是利用微生物的代謝活動，所產生的美味食物**。

說到日本的發酵食物。首先，有以麴菌發酵的清酒、燒酒、甘酒等美酒，以及味噌、味醂、醬油等調味料、柴魚等。除此之外，還有很多方便隨時取用，作為烹調素材的食品。

再來是利用納豆菌製造的納豆、麴菌製造的Bettara漬（麴漬白蘿蔔）、乳酸菌製造的臭魚乾和鮒魚壽司等，日本各地有許多自古流傳下來的發酵食品。

至於味噌或醃漬物，每個地方都有各自的特色。日本的發酵食品太多了，三天三夜都說不完。

什麼是發酵？

充斥於地球的微生物沾附、混入食物中，寄生其上。微生物把食物吃掉，產生酵素，將原有食物分解成更小的分子，並產生對人類有用的物質，這便是微生物代謝的過程。過程中的產物若是對人類有益的，便稱為發酵。

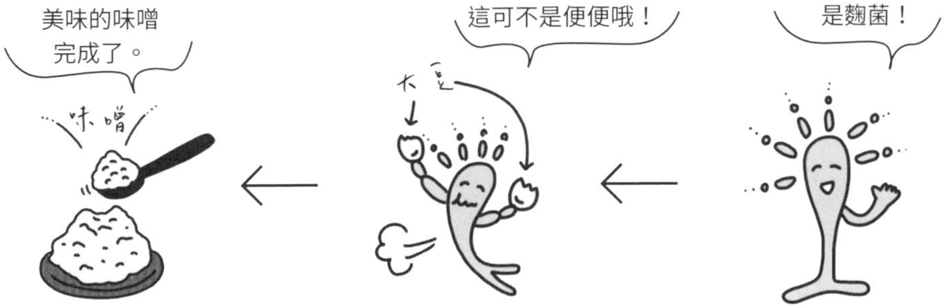

這裡的微生物

用自己產生的酵素把宿主吃掉

看我分解，製造出新的東西！

什麼是微生物？

地球上各個角落，包括人類的腸道、皮膚表面都存在著微生物。微生物的種類何其之多，數都數不完。事實上，人類也好，動物、地球也罷，都承受著微生物的恩惠。

細菌類

納豆菌、乳酸菌、醋酸菌等

酵母類

麵包酵母、啤酒酵母、葡萄酒酵母、清酒酵母等

黴菌類

麴黴、白黴、根黴等

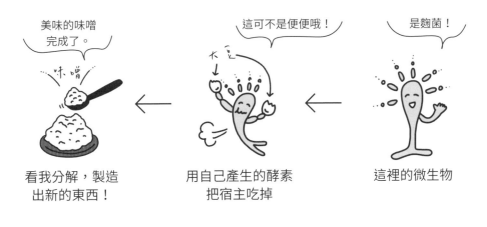

日本發酵食品的最大特徵，就是除了納豆以外，**幾乎大部分的發酵食品，都是以麴菌為基礎製成的**（當然，在釀酒的過程中也會使用酵母）。

那麼世界上的其他地方又如何呢？也有很多的發酵食品。

就說歐洲好了，有葡萄酒、啤酒等酒精飲料，更有起司或優格。廣義來說，麵包也算是發酵食品。這些發酵食品主要是以酵母菌或乳酸菌製成。

日本遵循古法釀造的黑醋，是在同一個甕裡，合麴菌與酵母之力，將米的澱粉分解成酒精，與此同時，醋酸菌再把酒精變成醋酸。反觀歐美國家，則是像釀造葡萄酒一樣，讓酒精先行發酵，接著再利用醋酸菌，進一步發酵成醋。

換句話說，日本是讓酒精發酵與醋酸發酵兩件事同時進行，歐美則是分開作業，等酒精發酵結束後，再進行醋酸發酵。

至於亞洲方面又是如何？鄰近的韓國有韓式泡菜、馬格利酒（濁米酒）；台灣的臭豆腐也是發酵食品；中國則有紹興酒、豆腐乳、筍乾等。

印尼和馬來西亞那邊，有讓大豆長出根黴後，加工製造的天貝（黃豆餅）；越南則有魚醬、魚露等調味料。

全世界代表性的發酵食品

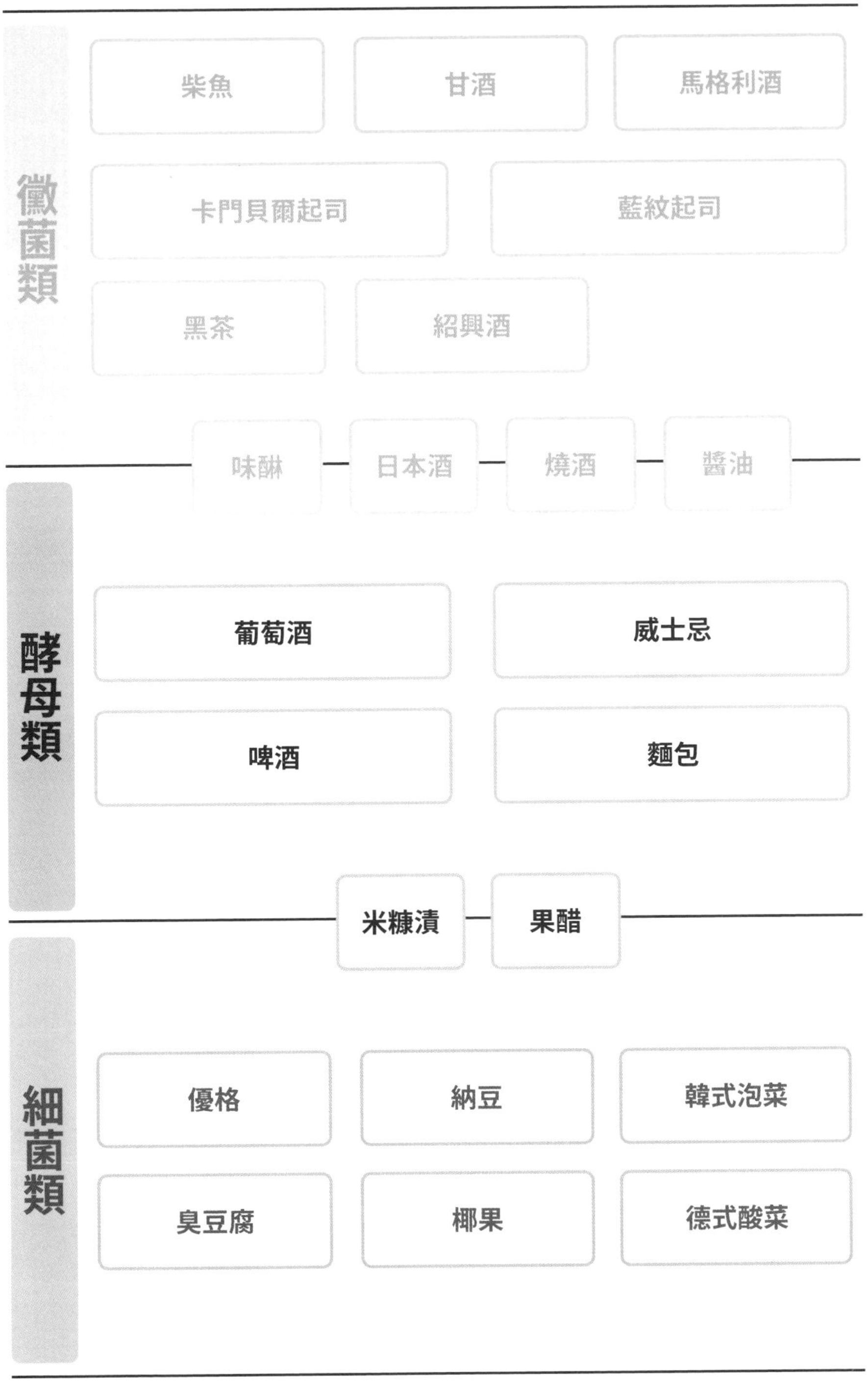

有一陣子，日本流行來自菲律賓的椰果，其實它也是發酵食品。

至於美國，沒有什麼土生土長的發酵食品，不過近年很流行的康普茶（紅茶菌），算是一款加入酵母菌、醋酸菌的發酵飲料。

當然，除了上述這些之外，也有用鹽醃漬，讓食物自然發酵的方法。

每個地方的發酵方法不一樣，有的用黴菌、有的用酵母、有的則是用細菌（也有二合一或三合一的）。總之，**人類發現食物發酵後會更美味，也更容易保存，於是想方設法地鑽研出各種發酵的方法**，並且透過飲食，把這些方法流傳下來。可以說，**發酵食品是人類智慧的結晶**。

發酵和腐敗其實是同一種現象！發酵讓食物變美味，讓營養更好吸收

經常有人問我：「發酵和腐敗到底有什麼不同？」

事實上，如果從兩者引發的現象來看，其實並沒有不同。

前面提到，發酵是「利用微生物的代謝活動，使食物變得更美味、更容易保存的一種過程或技術。」然而，就產生的現象來看，發酵和腐敗其實是一樣的。

不過，如果飯或菜上發霉，孳生細菌，我們不是都會說：「這壞掉了，不能吃了。」要把它拿去倒掉嗎？

發酵和腐敗是人類自己劃分的，是人類硬要把同一種現象冠上兩個詞彙。就微生物來看，會覺得自己做的事情都一樣，哪有那麼講究（笑）？

微生物進行代謝活動的結果，得到的產物，對人類有利的是發酵；對人類不利，甚至有害的，就被稱為腐敗。

古早的人類會把自然腐壞的食物拿起來嘗一嘗，吃下後沒事，就會研究看能不能製造出同樣的東西，經過不斷的嘗試、錯誤、再嘗試，才研發出我們目前所見的發酵食品。

那麼發酵對人類而言，到底有什麼好處？

首先，最簡單的就是，**讓食物變好吃了**。

其次，比起什麼都不做地放著，**發酵過後的食品更容易長期保存**。

不僅如此，在發酵的過程中，微生物會把各種營養分解成更小的分子，**讓人體更好吸收**。

光就麴菌來講，麴會產生大量酵素，分解原有的物質。透過發酵，**魚、肉裡的蛋白質被分解成更小的分子，不僅味道鮮美，肉質也變得更柔軟；米的澱粉被分解後會轉化成糖，因此變得更加甘甜**。

再以納豆為例，生大豆硬邦邦的，無法食用，加熱後，雖然可以吃，但還是不好消化，這時候藉由納豆菌將煮熟的大豆進行部分分解，就會變得好入口了。

發酵是人類窮盡心力與技術的智慧結晶，但同時也是**人類與微生物不斷磨合的浩瀚史**。

再不把日本的好麴推廣出去就不妙了

話說，麴是日本飲食文化的根基、骨幹，早在室町時代，就已經有種麴屋這樣的行業，負責把種麴賣給釀酒的人家。這樣的商業模式至今未曾改變，釀酒也好，做味噌也罷，基本上，大家都會向種麴屋購買種麴。

為什麼種麴屋這種行業有辦法生存呢？仔細想想，麴畢竟是一種黴菌，取用時要是出錯，後果就會十分嚴重。

所以分株、製造純淨種麴這件事，必須交由專家來做。

現今日本的種麴屋，包含我們公司在內，大約有五家。

發酵的關鍵角色黴菌，全世界有很多，不只日本才有，但是**我們稱為麴菌的日本米麴黴，其他國家沒有，就算有也培養不出來**。

釀造學與發酵學宗師小泉武夫[*19]曾說過：「和亞洲其他國家的發酵食品相比，不管是菌的種類，還是麴的製造方法都不一樣，所以說**日本的麴並不是從大陸傳來，**

---

*19 日本的農學者、發酵學者，是發酵學、飲食文化論、釀造學的權威、巨擘。東京農業大學農學部釀造學科畢業，著有《發酵食品禮讚》（文春新書）等多本與發酵有關的書籍。

而是獨自發生的。」

前面提到世界上許多地方都有發酵食品，不過日本人從以前就以愛乾淨聞名，製造過程更是特別嚴謹、仔細，因此和亞洲各國相比，製造或使用的麴一向被認為無比純淨。

最近，歐美或澳洲那邊的人開始對麴產生興趣，一直拜託我們，表示「要向我們請益」、「希望我過去演講」。

但是就我來看，比起在自己的土地上自行製麴，歐美國家的人還是向日本人購買經過嚴格管理，已經做好的種麴為妙。

前面談到日本的釀造業者，一向從專門的種麴屋購入種麴，理由之一就是「麴是非常容易劣化的生物」。連續、不間斷地培養麴，麴所產生的酵素或檸檬酸將會逐漸減少。

因此，我們種麴屋每天在做的工作，就是把種麴的孢子一個個、仔細地分割開來，移入其他的培養皿中逐一培養。然後，將裡面能長出最優秀麴菌的孢子大量繁殖，以此作為種麴對外販售。每天都要重複這樣的作業，日復一日，年復一年，還真是勤奮的日本人啊（笑）！不過，也正是因為如此，才能製造出好的種麴。

話說，國外有人自己製麴，直接取黴上面的孢子作為種麴，進行販售。

這是非常危險的事。

正如前面所說，麴是一種名為麴菌的黴菌。**麴以外的黴菌，很多都含有毒素，是非常危險的物質**。在解釋名稱時，也曾說過黃麴和一種含有劇毒的黴菌長得十分相似，光憑人類的肉眼是分辨不出來的。特別是缺乏麴飲食文化的外國人，一不小心就會把它和產生劇毒（黃麴毒素）的黃麴黴菌搞混，這種可能性非常大。

讓食物發霉，長出孢子，再取孢子來培養麴的下一代。如果只是重複這樣的方法來製麴，混入毒菌的可能性就會很高。contamination——就是所謂的汙染會發生，酵素的活力也會一代不如一代。

特別是炎熱、潮濕的地區，黴菌的存活率非常高，更何況**在微生物的世界裡，還有很多是人類不了解、尚未參透的**，說不定裡面就混雜著我們不知道的毒菌。

自己製麴，很有可能會發生食物中毒致死的案例，一旦這樣的事件發生，海外掀起的麴旋風就算是結束了。

在宣揚正統麴菌的魅力、實力之前，我們首先要做的就是讓它擺脫汙名。

日本人應該不至於這麼做，隨便拿自己繁殖的麴菌來製造種麴，請大家千萬別做這種傻事。

請各位一定要向我們這樣的專業種麴屋購買菌種，取用時也請做好安全管理。

好麴是怎樣的麴？能產生大量酵素的就是好麴

前面說到，日本的麴遠比其他地區的麴來得純淨、乾淨，但是這並不代表日本的麴都一樣，日本的麴也分好麴和壞麴。

麴吃掉寄生的宿主，藉由自身產生的酵素，把宿主分解成更小的分子。透過分解產生的物質，便是我們釀造酒或醬油的原料，也是更容易被人體吸收的營養。

因此，**「所產生的酵素最多、活力最好，且混入的雜菌最少，這樣的麴便是好麴。」**

相反地，**「所產生的酵素少、活力差，且雜菌多的麴」便是壞麴**。

酵素的多寡，取決於製麴過程中的溫度管理。換句話說，麴會依照培養環境的溫度，增加酵素或減少酵素。酵素最不耐熱。因此製麴的時候，做好溫度管理至關重要。

有一陣子，「裸食」非常流行，是指直接生食，或是只吃攝氏四十八度以下烹調的食物，那是因為一旦加熱超過攝氏四十八度，食物中的酵素就會壞死，必須低溫烹調，才能維持酵素的活性。

要把麴製造出來，前後必須花費四十小時的時間。過程中，透過代謝，麴會不斷產生熱能，如果放著不管，溫度會飆升到攝氏五十度以上，麴有可能會把自己熱死。就算不被熱死，酵素的產量也會變少，活力也會越來越差。

所以溫度管理十分重要，但是人要吃飯、休息，不可能全程盯著。以前就曾經發生工人不小心睡著，麴室的溫度一下子升得太高或降得太低，而造成製麴失敗的案例。為了解決溫度管理的困難，我的父親特別研發出「河內式自動製麴裝置」的設備。

再來，就是雜菌的問題必須解決。製麴的過程中，免不了會混入雜菌。

怎麼說呢？製麴是固體發酵，不是液體發酵。過程中，必須用手把麴菌揉進蒸熟的米飯，使其充分混合。每個人的手上多少都有細菌，很難保證雜菌不會趁機混入。

當然，想辦法讓雜菌不混入，是麴屋的看家本領；現在製麴也都是以機器作業為主，已經盡量減少人手碰觸的機會，但即便如此，還是無法保證一〇〇%沒有雜菌。

我們能做的就是徹底做好製麴環境的管理，嚴格監控各個流程，竭盡所能地避免麴受到汙染。

「酵素多、雜菌少的好麴」，便是這樣來的（不過，過程中混入的乳酸菌，反而可能會賦予麴獨特的個性）。

不僅明顯改善腸道菌群，更能排除農藥與輻射的毒素

讀到這裡的你，對麴這種東西，多少有些認識了吧？

但是這樣的麴，到底有什麼好處？對人類有什麼幫助？又能為我們做什麼？這才比較重要吧！

關於這一點，在第二章和第四章會詳細說明，同時也會出示相關資料證明：**無論是對人類的健康，還是對地球的整體環境，在各個方面都能有所貢獻的物質，就是麴**。

「不可能只有好處，沒有壞處吧？」、「不過就是食物嘛！」或許你會這麼想，但它真的就是那麼神奇。

不說別的，光說用麴製造的發酵食品對身體有好處，大家應該都知道這一點，也都能感受得到吧？

為什麼說它對身體有好處？因為**麴本身就是一種菌，能直接影響腸道菌，改變它們的生態**。沒錯，說的正是最近很熱門的腸道菌群。近來有研究發現，腸道掌管人體六成的免疫力。

說到麴與腸道菌群的關係，最引人矚目的就是，喜歡麴的菌，大部分是對人體有益的好菌。

為什麼會這樣？至今還不是很清楚。喜歡麴菌，會主動靠過來的菌，比方說，納豆菌、酵母菌、放線菌[*20]、光合成菌等，這些都是對人體有益的好菌。或許是造物者的精心安排吧！總之，從未聽說有喜歡麴的壞菌。

所以把麴吃下肚，腸道的好菌會增加，排便自然變得順暢。不僅如此，腸道環境改善了，免疫力也會跟著提升。

不過，這只是麴最基本的功能。對麴來說，這根本不算什麼。

說到麴的功能，最令我驚嘆的是，它**可以排除農藥或放射線的毒素**。

自古便有傳聞，不光是麴，許多發酵食品都有抗輻射的功效，能減少輻射對人體的傷害。

長崎受到原子彈攻擊時，有一位名叫秋月辰一郎[*21]的醫生，為了受到原爆波及的人們製作梅乾飯糰和南瓜味噌湯，並且讓醫院的員工和患者每天吃這些食物，結果過了數十年，這些員工不曾出現原爆後遺症，這是非常有名的故事。

我從釀造試驗場的同事那裡也聽說，當初廣島也被投下原子彈的那一刻，釀酒師傅聚在一起，說道：「反正我們已經被輻射照到，來日無多了，不如快活一天是一天吧！」於是大家把酒藏的酒集中起來，一口氣喝個精光，結果這些人後來並未出現原爆後遺症。

＊20　細菌裡，細胞呈現放射狀菌絲的一種菌，主要存在土壤中，分解落葉或動物屍骸等有機物。

＊21　日本的醫生，曾任長崎聖法蘭西斯科醫院院長。承襲石塚左玄的思想，學習澤櫻如一提倡的「長壽飲食法」(macrobiotics)，自創出獨門的「秋月式營養學」。經年累月，蒐集與原爆受害者相關的臨床實證。

記得我剛進入釀造試驗場工作時，第一天就有人和我說：「如果不幸被原爆波及，拚命喝酒就對了。」前蘇聯車諾比核災事件發生時，也曾出現類似的傳聞。

用白老鼠做實驗，更得到令人驚訝的結果。

廣島大學名譽教授渡邊敦光，曾用三種不同的飼料餵食白老鼠：A是普通飼料；B是加鹽的飼料（鹹度與味噌相同）；C是加味噌的飼料。之後，再用放射線照射吃了飼料的白老鼠。

結果發現，吃了C（加味噌）飼料的白老鼠，小腸細胞的再生率是三者之中最高的。不過必須在事前吃才有效果，被輻射照射到後再吃是無效的。

至於農藥與麴的關係，我做的實驗也已經獲得具體的成果。

這在第四章會再詳細說明，不過我和合作夥伴鹿兒島大學林國興教授的共同研究發現：造成男性女性化現象、男性睪丸發育不全的原因，就是鄰苯二甲酸酯*22。

鄰苯二甲酸是俗稱「環境荷爾蒙」的化學物質。雖然農藥與鄰苯二甲酸酯不能畫上等號，但是研究結果發現，稻米之所以會驗出鄰苯二甲酸酯，源頭便是來自除草劑。

不僅如此，就算水田、菜圃的土壤沒有農藥，地膜覆蓋栽培法使用的塑膠布也

---

*22 鄰苯二甲酸形成的酯類的統稱。構造不盡相同，種類繁多，主要作為塑化劑，用來軟化聚氯乙烯（PVC）。在寶特瓶、塑膠袋等製品中都可以發現。由於被指出對人體有害，受到各國使用法規加以限制。

含有鄰苯二甲酸酯，要完全避開幾乎是不可能的，真讓人傷腦筋。

不過，我們生產、製造的麴就能分解鄰苯二甲酸酯，已經有資料可供檢視。

選擇無農藥的蔬果或稻米來吃，這個方向是正確的。但是對現代人來說，要讓農藥一毫米、一毫克都不進入體內，是不可能的。

既然如此，**透過吃麴，讓麴進入體內，去除對身體有害的成分，應該是比較聰明的做法**。

只要吃麴，就可以排除體內放射線或農藥的毒素，實在太神奇，也太令人振奮了。然而，麴所隱藏的潛力不止如此。

我們製造、生產的麴還可以讓體內的Omaga-3*23增加，更能產生名為GABA*24的傳導物質。

怎麼可能?或許有人會這麼想，但這都是事實。

麴不只對我們的身體健康有幫助。

二十世紀，人類大肆揮霍，幾乎把地球的資源消耗殆盡。二十一世紀，我們開始要還債了，必須「為二十世紀擦屁股」，為以往犯下的錯誤收拾殘局。

＊23 一種名叫Omaga-3脂肪酸的油脂，屬於不飽和脂肪酸。雖然是油，卻大量存在植物或魚類中。能預防動脈硬化、維持高齡者的認知機能，是對健康有幫助的好油，近年來備受矚目。

＊24 一種胺基酸，富含於可可或番茄中。作為神經傳導物質，能避免大腦過度興奮、緩解緊張或壓力，還有降血壓的功能，因而備受矚目。

大量生產勢必會產生大量垃圾，這是無可避免的。利用麴菌，我開發出一套資源回收機制，希望能解決部分廢棄物問題、環境汙染問題。**麴扮演的角色不只是食物，對地球也能有所貢獻**。

日本人從很久以前就發現麴的好處，透過不斷的琢磨研究，終於成功駕馭，這樣的麴可以說是**上天賜給人類的禮物**。

世上的黴菌千百種，麴是少數站在人類這一邊，對人類的身體或地球環境都有幫助的黴菌。

衷心希望諸位能再次確認，並重新發現麴的力量。

CHAPTER

2

麴對健康、美容的驚人效果！

執筆：麴醫生・山元文晴

麴能改善腸道環境，增強免疫力！
對便祕、三高也都有效果，
就連自律神經失調也能藉由麴獲得改善，
只要每天攝取，
保你擁有健康、強壯的身體。

麴本身也好，用麴加工的食品也罷，對營養和健康都很有幫助

這一章是由身為種麴屋第四代傳人的我——山元文晴執筆。

麴菌是沒有毒性的黴菌，用它繁殖出種麴，經由發酵過程製造出來的食物，含有葡萄糖、胺基酸、維生素、礦物質等，各種人類賴以維生的營養素。

利用麴所製造的食物，對健康的好處多到令人驚訝，這一點是我們經過研究，才慢慢搞清楚的。

雖然文章一開始，我自信滿滿地陳述著麴的好處，但其實我是直到最近才一〇〇%相信它、愛上它的。擔任十幾年的臨床醫生，想當初父親拿著用「河內白麴菌」製造的產品，要我幫忙測試效果時，我的第一個反應是：「啊？不要，真的有效嗎？」臉上滿是疑惑（笑）。

只要是學西醫出身的人，我想這應該是基本反應，對中醫或補藥之類的東西，基本上我們都不太相信。

但是，當我真的把那樣產品運用在臨床醫療現場，進行測試時，竟然出現「意想不到」的結果（笑）。從此以後，我就對麴產生興趣，徹底迷上它。

誠如第一章所說的，麴的學名都叫「Aspergillus」什麼的，在國外，一向被視為有毒的害菌。不僅如此，在醫界，說到「Aspergillus」，大多是指肺炎的病原菌。因此，對從事醫療工作的人說：「麴菌便是名叫Aspergillus的麴黴。」大家都會嚇一跳，說：「真的沒問題嗎？」

「照你這麼說，釀酒、做味噌，還有我們這些製麴的人，不都有肺炎了？」被我這麼一問，對方支支吾吾地回答：「好像也沒有……」（笑）。有意思吧？

完全違反西醫常識的東西，日本人卻習以為常，甚至拿來吃？

反差未免太大，也太不可思議了。我心想，也許自己可以利用麴菌，研發出一套獨創的養生方法，進而幫助更多的人？就這樣，我一頭栽進麴的世界。

麴對身體有什麼影響？經過持續的調查與研究後，我發現**麴對健康、美容都有幫助，它的功效是多方面的，遠比我想像的還要多**。

這裡有我用自己的雙眼，清楚確認過的明顯變化，也有資料、數據可資佐證的明確成果。

不限於麴菌，只要是用麴製造的發酵食品，就能調整腸道環境，大家都知道這一點。更有數據指出，一九九〇年代後期，O157型大腸桿菌大流行時，平常有在吃味噌、醃漬物等發酵食品的孩童，就算感染O157型大腸桿菌，症狀也會比較輕微。

麴的功效，不該停留在「我也說不上來，不過應該有」的層次，我想證明給世人看，「透過這樣的機制」，麴確實對健康有幫助。為了拿出、蒐集這樣的證據，我日復一日地進行研究。

這一章介紹的各種麴的功效，都是以這樣的研究為基礎所產生的內容。

再者，這一章所介紹的實驗，使用的麴都是黑麴或白麴，**因為只有這兩種麴菌才會產生黃麴沒有的檸檬酸**，也才會有豐富多變的效果。

麴到底有何驚人的魅力？就請你和我一起看下去吧！

麴最大的功能便在於「改善腸道環境，增加酪酸菌」

麴帶給我們身體最大的幫助，就在於改善腸道環境。

如果說這便是麴最大的功能也不為過。

以黑麴和白麴進行實驗，得到的結果顯示：**麴確實能改善腸道環境、提升免疫力，改善便祕**。除此之外，一些身體的小毛病、不舒服的症狀，也能靠吃麴得到緩解。

其中，改善腸道環境這一點被視為理所當然，大家早就見怪不怪。

近年來，關於腸道菌的研究可以說是突飛猛進。科學家對腸道菌叢生態進行仔細的調查後，發現**人體免疫細胞有六成至七成都是在腸道內生成**。

所以大腸健康，免疫細胞自然長得好。消化與吸收的功能好，排便自然順暢。

因此把麴吃下肚，讓它進入體內，就可以幫健康打好基礎。

到底麴在腸道裡做了什麼？為什麼可以改善腸道環境？這一切要完全釐清，

目前還有困難，不過只要持續不間斷地研究，相信將能一點一滴破解麴對身體的作用。

其中，**最大的好處就在於酪酸菌[25]增加**。

把麴吃下肚，能使大腸中的酪酸菌增加。

酪酸菌會產生醋酸[26]和酪酸[27]這兩種物質，由於它們都是酸，**因此可以維持腸道的弱酸性，抑制壞菌的生長與活性**。比菲德氏菌也可以生成醋酸，但是只有酪酸菌能生成酪酸。

而**酪酸提供大腸約九〇%的必要養分，是大腸的能量來源**。因此酪酸菌增加，便能製造出大量酪酸，提供大腸細胞更多養分，讓它長得頭好壯壯。

人體細胞需要氧氣，大腸細胞長得好，就有力氣把腸道裡的氧氣全部吸收過來，於是腸道裡的氧氣就會變得很少。

緊接著，腸道菌也會變得活潑，而且因為氧氣少的緣故，這時變活潑且大量增加的，就是所謂的「厭氧菌[28]」。

其實，被我們稱為好菌、益生菌的細菌，大多屬於「厭氧菌」，相反地，被稱為壞菌的細菌，則多半是不管有沒有氧氣都能存活下來的細菌。

---

*25 生成酪酸、醋酸等酸性物質的細菌。

*26 羧酸（carboxylic acid）的一種，眾所熟知的製醋原料。這種有機酸存在於空氣中，無所不在，有助於維持腸道的弱酸性。

*27 大腸的能量來源，讓大腸保有弱酸性，抑制壞菌生長。

*28 在無氧的條件下活得較好的細菌。

所以，**吃麴可以讓體內的酪酸菌增加，酪酸菌產生大量酪酸↓腸道細胞得到充分營養↓氧氣全部被細胞吸光↓腸道內的好菌增加，腸道環境得到改善**。

研究更發現，酪酸這種物質也能製造出伺機菌*。換句話說，吃麴也能使體內的伺機菌增加。

我做的臨床實驗發現，攝取白麴，確實能使體內酪酸菌明顯增加（參見下頁圖表）。

這個實驗除了出現明顯差異讓我驚訝外，更令我訝異的是，竟然短短一個月就有效果。怎麼說呢？通常這種吃什麼東西的實驗，要看到結果至少要連續執行二至三個月，可是麴竟然只吃一個月就出現明顯差異：酪酸菌大幅增加。

最近，在腸道菌群中，酪酸菌特別受到矚目，各家廠商無不想盡辦法要讓大腸裡的酪酸菌增加，研究要怎麼樣產生更多的酪酸，不過在我看來，**只要吃白麴就好了，就是那麼簡單**。

＊譯注
也稱中性菌、條件致病菌。身體健康時，伺機菌會轉變為好菌；身體變差時，伺機菌則會變成壞菌。

攝取麴菌後，腸道內酪酸菌的數量變化

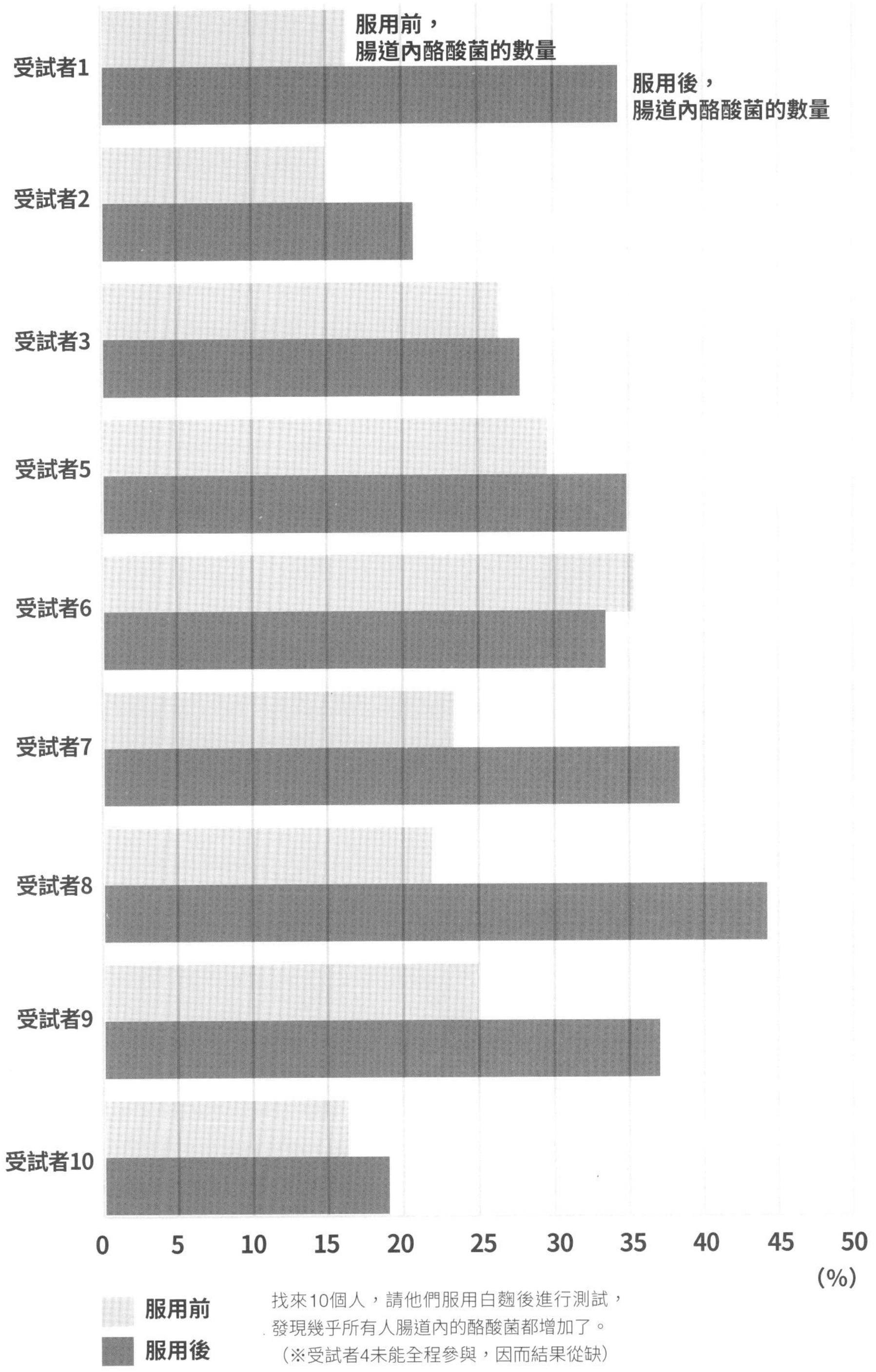

找來10個人，請他們服用白麴後進行測試，
發現幾乎所有人腸道內的酪酸菌都增加了。
（※受試者4未能全程參與，因而結果從缺）

不可偏好單一菌種，腸道菌種類越多越好

和從前相比，腸道菌受到人們更多的關注。乳酸菌[29]也好，比菲德氏菌[30]、酪酸菌也罷，大家都耳熟能詳。事實上，把它們納入日常飲食中，每天吃保健食品補充的也大有人在。

我並不是說乳酸菌或比菲德氏菌不好，只是納悶為什麼醫生、學者或一般民眾都下意識地認為：「只要吃一種菌就好了，光靠一種菌就能讓你長命百歲」？

腸道菌光是種類就有數百到一千不等，數量更高達一百兆以上。數量龐大的細菌互相制衡，建造出被稱為腸道菌叢（gut flora）的生態系統。

所以，光是攝取單一菌種，就能改變，甚至影響整體腸道環境的說法，實在令人存疑。這恐怕會有困難吧！

況且，每個人的腸道菌相都不一樣，絕對沒有所謂的萬靈丹，對所有人都適用的「某某菌」。

＊29 經由發酵，把醣類變成乳酸的微生物，屬於厭氧菌，存在優格、起司、醃漬物等發酵食品中。「乳酸菌」是這類細菌的統稱，目前所知，光是種類就有三百五十種。

＊30 雙歧桿菌屬的統稱，是一種專性厭氧菌，普遍存在於所有動物的腸道內，因為能製造出醋酸、乳酸而備受矚目。

不過關於腸道菌，有一點是肯定的。就是**「種類越多越好」**。

研究指出，**不管是好菌還是壞菌，一旦種類急速減少，失去多樣性，就會不利於健康**。

美國也有論文指出，針對攝取乳酸菌能否提升免疫力的問題進行臨床實驗，發現：「**比起攝取單一菌種，同時服用多種乳酸菌的效果會更好**。」是的，就算是乳酸菌也不只一種。

因此，與其拚命補充「某某菌」，偏好單一菌種，還不如什麼食物都吃，優格、味噌也要每次更換不一樣的品牌，這樣才是真的對腸胃好，對於打造健康的腸道環境才會有幫助。

其實，還有更簡單的辦法，就是吃黑麴或白麴。

前面稍微提到，不知為什麼，麴就是和對我們身體健康有益的好菌特別投緣。製造種麴的時候，一旦混入雜菌就很會傷腦筋，但是人類的腸道卻因麴菌跑進去，讓乳酸菌、比菲德氏菌、酪酸菌等好菌一口氣增加了。

不用再麻煩地找什麼新的菌來吃，只要吃麴就可以讓吃的人「腸道裡的好菌增加，擁有健康的腸道環境」。

是的，這就是麴的功能，是不是很厲害、很了不起？

麴的驚人力量：讓NK細胞、抑制性T細胞增加→「提升免疫力」

麴的厲害之處，還不僅止於此。腸道環境改善了，免疫力也跟著提升，這是必然的結果，但就其他面向來看，免疫力也確實變好了。

首先，**就是攝取黑麴後，NK細胞的數量增加，活力也增強**。

說到NK細胞，最近應該無人不知、無人不曉吧！其實，它的全名是「自然殺手細胞」（natural killer cell）。NK細胞會在體內巡邏，一旦發現癌細胞或是被病毒感染的細胞，就會主動發動攻擊，殺死它們，是非常重要的細胞。

這是之前我父親和某大學教授共同研究的結果，他們發現，與沒有喝黑麴的人相比，每天飲用黑麴飲料的人，**體內NK細胞的數量多出一．五倍，對壞細胞的殺傷力也提高一．五倍**。

吃麴真的可以提升人的免疫力，這是最有力的證明。

再來，就是我自己研究的成果。**吃麴能讓「抑制性T細胞」增加**。麴，真的好神奇（笑）。

抑制性T細胞，也是負責調節身體免疫反應的細胞。討論新冠肺炎時，經常會聽到「免疫風暴*」，而抑制「免疫風暴」正是抑制性T細胞的功能之一。

根據臨床試驗的結果發現，和進行酪酸菌實驗時一樣，受試者吃下麴後，體內的抑制性T細胞明顯增加了。不僅如此，抑制性T細胞對預防心肌梗塞、治療糖尿病，也都有幫助。由於它是負責調節免疫反應的細胞，對一堆自體免疫疾病應該也有效。

NK細胞也好，抑制性T細胞也罷，都是和免疫有關的重要細胞。不管是感染新冠病毒，還是得到癌症，只要有這些細胞存在，我們就有本錢可以重新找回健康。

麴不是藥，但是竟然可以讓這些細胞增加，這個結果連身為醫生的我都感到訝異。

正是因為如此，我才會這麼認真地想把麴引進醫療現場，讓大家都知道它的好處。

***譯注**
人體免疫系統出現的「防禦過當」行為。

喝下麴後，體內NK細胞數量的變化

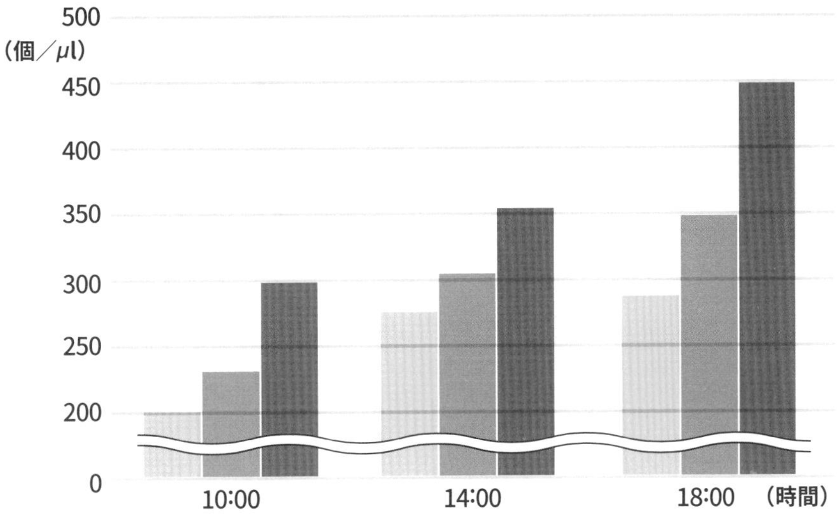

喝下麴後，體內NK細胞活性的變化

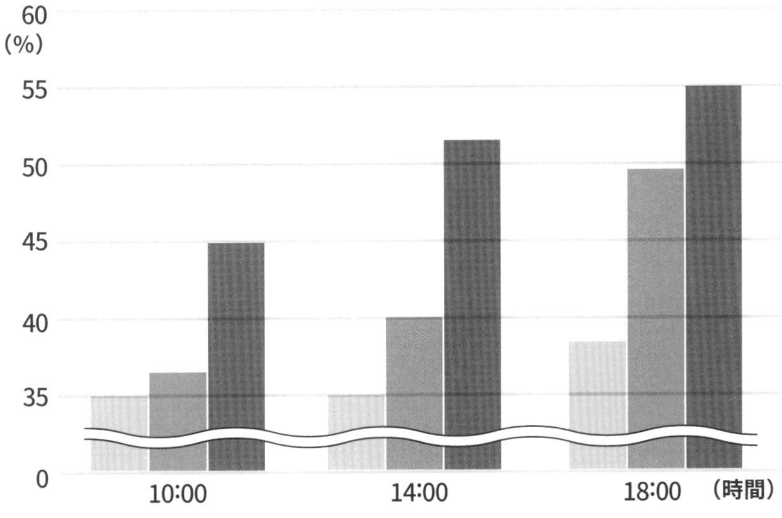

- 完全沒喝加入黑麴的飲料
- 只有在檢查的前一天，喝了一瓶加入黑麴的飲料
- 檢查前一週，每天都喝加入黑麴的飲料

這個實驗找來10個人參加，分成三個時段，測試每人體內NK細胞的數量與活性變化。結果發現，與完全沒喝的人相比，喝越多的人，體內NK細胞的數量及活性都會越高。

異位性皮膚炎、花粉症的人有福了→「緩解過敏症狀」

免疫力提升，意味著許多過敏症狀都能減輕，因為過敏其實就是免疫系統的過度反應。

用老鼠做實驗，也會出現以下的效果。

用兩種麴菌和兩種甘酒，在一定期間內餵食老鼠。結果發現，老鼠體內的**IgE抗體[*31]濃度上升，白血球[*32]數和組織胺[*33]濃度下降了**。換句話說，麴確實有減輕過敏反應的功效。

況且這不僅是實驗數據而已，我們本身就是最好的見證。我從小就有氣喘的毛病，三不五時就會發作，但是自從回歸麴的世界後，每天吃著各式各樣的麴，氣喘就再也沒有發作了。

有一陣子，父親的花粉症也很嚴重，不過自從他喝了自家生產的黑麴馬格利酒後，過敏的症狀也不再出現。

---

*31 在人體所有的抗體中，含量最少的免疫球蛋白。可以透過血液檢測，檢查血液中是否有特異的IgE抗體，如果有的話，代表身體對該特定物質會有過敏反應。

*32 血液細胞之一，保護身體，對抗病毒、細菌，或灰塵、花粉、食物等過敏原的入侵。分成嗜中性球、淋巴球、嗜鹼性球、單核球（包含巨噬細胞與樹突細胞）、嗜酸性球五種。自然殺手細胞即屬於淋巴球的一種。

*33 分布於末梢神經、中樞神經的生理活性物質。當身體接觸到引發反應的物質（過敏原），因而產生過敏反應時，就會釋放出這種化學傳導物質。

餵食麴或甘酒後，老鼠體內IgE抗體濃度的變化

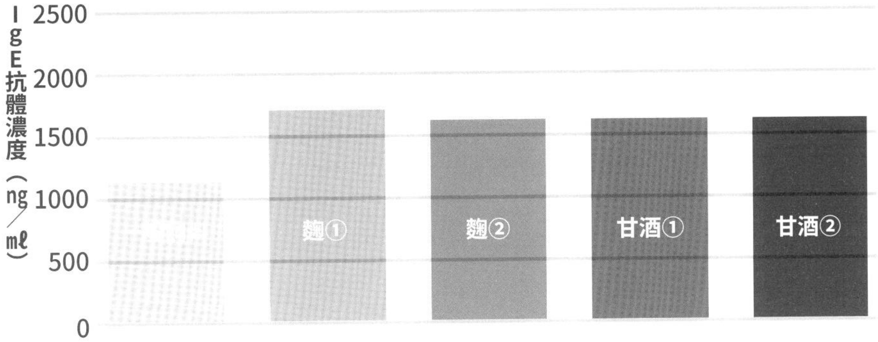

餵食麴或甘酒後，老鼠體內白血球數的變化

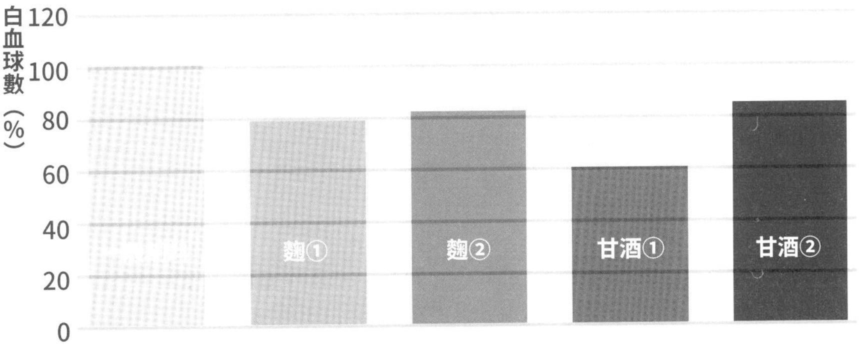

餵食麴或甘酒後，老鼠體內組織胺濃度的變化

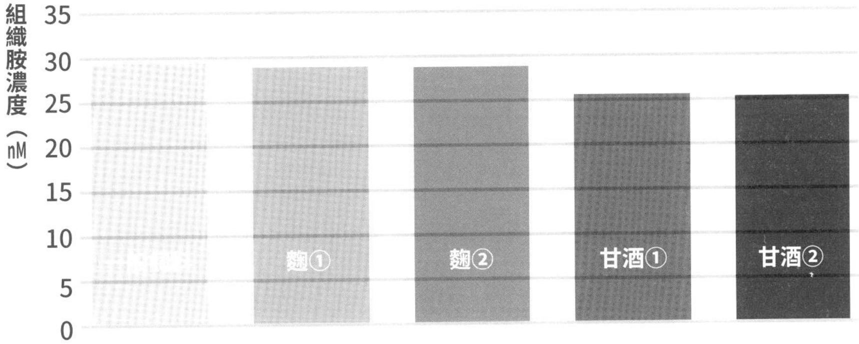

- 餵食一般飼料的老鼠
- 餵食麴①的老鼠
- 餵食麴②的老鼠
- 餵食甘酒①的老鼠
- 餵食甘酒②的老鼠

把老鼠分成5組（每組6隻），分別餵食一般飼料、麴①、麴②、甘酒①、甘酒②這五種食物。經過2週後，發現餵食麴或甘酒的老鼠，體內IgE抗體濃度上升，白血球數和組織胺濃度下降。

這些變化在在告訴我們：**吃麴真的會讓腸道環境變好，免疫力提升**。

俗稱過敏的症狀，以前不太常見，是最近三、四十年來才大幅出現，古代也很少有人得花粉症。為什麼最近這樣的人會特別多？當然，和大量種植杉樹有關，不過**也有一種說法，是人類的身體變弱了**。

花粉症等過敏症狀，通常發生在衛生、醫療較進步的先進國家。也就是說，和開發中國家相比，已開發國家的清潔做得太好、生一點小病就使用抗生素等，都是造成人類容易過敏的原因。

抗生素是用來殺死病原菌等微生物的物質，有效是有效，但是使用過度，就會把腸道裡的細菌也殺光。腸道菌減少，將會造成免疫力下降，免疫系統無法調節或反應過度，於是過敏就發生了。

這種說法被稱為**「衛生假說」**。

除了衛生、醫療條件改善外，近年來發生很大變化的，還有大家的飲食習慣。從味噌的消費量逐年減少，就可以看得出來，大家變得少吃或不吃自古流傳下來的發酵食品，反而吃了很多添加防腐劑的加工食品或冷凍食品。食物與腸道環境的關係十分密切，**現代人的過敏發生率會這麼高，和飲食習慣絕對脫離不了關係**。

前面曾經提到，腸道菌種類越多越好。比起只攝取單一的「某某菌」，多樣化攝取對健康會更好，這在最近的醫界已成定論。

腸道菌的比例不對，某一種菌獨大或缺少的現象，稱為「腸道菌叢失衡」(dysbiosis)。研究發現，一旦腸道菌叢失衡，人就會很容易生病或產生過敏反應。

而腸道菌的比例，麴可以幫忙調節；麴能夠幫忙打造各種細菌都可以安住的腸道環境。

吃麴可以**讓腸道菌變活潑，使得被稱為益生菌的好菌增加，各種菌的生態平衡，與人類共生互利，於是免疫力就能正常發揮，過敏的症狀減輕，連帶的身強體健、不容易生病，就算有壞菌入侵，也無法作怪**。

是的，**麴就是以這樣的形式，成為守護我們健康的好幫手**。

正常排便是當然的，便便還很漂亮↓「改善便祕」

前面反覆強調腸道環境改善，所以吃麴能讓排便順暢這件事，應該不用我再介紹一次了吧（笑）！

麴可以改善腸道環境、消除便祕的理由，其實非常簡單。

前面曾經提到，吃麴可以使酪酸菌增加，而這種酪酸菌可以製造出大量腸道黏膜所需的物質：酪酸。

酪酸大量產生，腸道的黏膜細胞因此變得健康，細胞的活力也不同於以往。於是，腸道可以進行正常的「蠕動運動」，排泄就會很順利。

除此之外，吃麴所排出的糞便不會太硬，也不是拉肚子的那種，便便呈現完整的香蕉形狀，很順暢就排放出來了。

這是吃了我家白麴的人，回饋給我的無數感想之一。

順道一提，當好菌、益菌占優勢時，腸道環境是酸性的，便便的顏色是帶有黃色的褐色；相反地，有利壞菌增加的腸道環境則是鹼性的，便便的顏色就會略帶黑色。

酪酸菌會產生酪酸和醋酸等酸性物質，有助於維持腸道的酸性。因此，只要攝取麴，腸內的壞菌就不易繁殖，糞便也會是漂亮的金黃色。雖然這麼說不太好意思，但我的糞便不曾是黑色的。

所以，有便祕困擾的女士，請不要再依賴便祕藥，多吃一點麴就對了。

吃麴擊退三高①↓降血壓

腰圍過粗、腹部肥胖、體脂異常，高血壓、糖尿病等，這些所謂的代謝症候群症狀，其實只要好好吃麴，讓腸道環境改善，就不至於會如此嚴重。

研究發現，**麴生成的物質中，有一種就能抑制高血壓**。

這可能不太容易理解，引發高血壓的原因之一，是一種名叫血管張力素轉換酶[*34]的酵素。而麴所生成的物質，可以防止、阻礙這種酵素活動。因此，透過抑制血管張力素轉換酶的反應，就可以控制血壓。

附帶一提，這種可以抑制高血壓的物質，來自黃麴所產生的酵素。

該物質最初在酒粕中被發現，餵給有高血壓的老鼠吃，結果發現數值下降了十五至三十之多。從此以後，陸續有人研究麴降血壓的功能，如今也已經獲得了證實。

「味噌的鹽分太高，對高血壓的人不好。」以前常聽到這種說法。不過，調查常喝味噌湯的人和完全不喝味噌湯的人後，發現兩者的血壓數值差別並不大。論文指出，喝與不喝味噌湯的人，血壓是差不多的。在我看來，這間接證實**味噌中的某種物質，具有降血壓的功能**。

順道一提，味噌基本上是用黃麴做成的，沒有用黑麴或白麴製作的味噌。原因便在於黑麴和白麴會產生檸檬酸，會夾雜酸味，不適合製造只有甜味的味噌。

高血壓的人當然要避免攝取過多的鹽分，不過在我看來，與其完全不喝味噌湯，倒不如適量喝一點，讓麴進入身體裡，對健康會更有幫助。

＊34 血管張力素轉換酶（簡稱ＡＣＥ）的作用，是生成與血壓上升、心臟肥大症等有關的物質：血管張力素II。因此，只要抑制ＡＣＥ的活性，就可以讓引發高血壓的物質不致產生。

吃麴擊退三高②→降血糖

除了降血壓以外，**麴也有降血糖的功效**。

這時候，在「麴最大的功能便在於『改善腸道環境，增加酪酸菌』」那一節曾經提到的酪酸菌就是重點了。

腸道裡的酪酸菌增加，胰島素的分泌也會跟著增加。胰島素是一種降血糖的荷爾蒙，於是血液中的血糖濃度就會下降（以黑麴、白麴所做的實驗）。不僅如此，由鹿兒島大學主導的研究發現，用加了米麴的甘薯燒酒餵食高血糖的老鼠的血糖值明顯下降了（以黑麴進行的實驗）。

所以，**大量攝取用麴製造的食物，有助於控制、降低身體的血糖數值**。

「不過，甘酒是甜的，對吧？」或許有人會這麼想。

沒錯，甘酒確實有葡萄糖，不過卻不全都是葡萄糖，還有寡醣、維生素B群、膳食纖維，以及麴產生的大量酵素。至少甘酒的甜是自然的甜，而且糖是跟著其他成分一起被攝取，血糖不至於會快速上升。換句話說，如果吃的是用麴所製造的甘酒，血糖不會飆升。

要控制血糖的話，**應該注意的是葡萄糖果糖液糖、果糖葡萄糖液糖這類「異構化糖」**[*35]。

這些糖在體內無法被消化酵素分解，會直接被腸道吸收。而且經由血液，會直接進到細胞裡，成為血糖快速飆升、身體發福變胖的主要原因。

這種「異構化糖」比砂糖（蔗糖）來得便宜，又是液態，因此廣受食品、飲料廠商的歡迎。市售的含糖冷飲、運動飲料、調味料、沾醬等，都可以見到它的身影。

血糖有問題的人，吃東西前應該仔細檢查包裝上的營養標示，盡可能避開這類產品。

在我看來，這意味著**飲用麴所製造的甘酒，不僅不用擔心血糖飆升的問題，還能享受自然的甜味，實在是優秀、營養的飲料**。不過，已經罹患糖尿病的人，還是要控制甘酒的攝取量，千萬不可以貪杯。

---

*35 中文統稱為「高果糖糖漿」。取甘薯或玉米等植物的澱粉，用酵素進行糖化，再將部分葡萄糖，以另一種酵素異構成果糖，形成含葡萄糖與果糖的混合糖漿。雖然名叫果糖，但是卻和水果一點關係都沒有。在日本，依果糖的含量比例，分成葡萄糖果糖液糖、果糖葡萄糖液糖、高果糖液糖、砂糖混合異構化液糖這四種。

吃麴擊退三高③↓降血脂

和前面一樣，由鹿兒島大學主導的研究發現，**麴有降低總膽固醇的功效**。

不僅如此，令人開心的是，**大幅下降的是被稱為壞膽固醇的「低密度膽固醇」（LDL），而被稱為好膽固醇的「高密度膽固醇」（HDL）則維持不變**。

順道一提，實驗數據顯示，中性脂肪（三酸甘油酯）也大幅下降了。

說到這裡，我就要自誇一下，雖然自己的體型絕對稱不上苗條（笑），但是三酸甘油酯就很正常，好膽固醇也比正常再高一點。

所以，健檢時要是驗出總膽固醇或壞膽固醇偏高，被醫生說需要治療時，或許可以考慮不要立即用藥，靠著吃麴來改善看看。

甘酒
味噌
小腹便便

減少脂肪、增加肌肉!? ↓「麴的減壓、瘦身效果」

對許多人來說，這一點應該是最開心的。黑麴和白麴，竟然會有**減少體脂肪、讓肌肉增加的效果**。

這不是廢話嗎？既然麴可以改善超標的三酸甘油酯、總膽固醇，人肯定會瘦下來，這是理所當然的。等等，我需要詳細說明一下。

首先，關於脂肪，我們曾經做過實驗，**餵食老鼠吃麴菌（黑麴），檢測牠腹部脂肪的重量後，發現吃了麴菌的老鼠，腹部脂肪減少五%至一〇%左右**。

至於增加肌肉的部分，並不是因為麴會生成蛋白質，或是把某種物質轉變成蛋白質。

這是我父親與鹿兒島大學林國興教授合作研究的成果，他們用肉雞做實驗後發現，吃了麴菌（黑麴）的雞身上，多了一種名叫丁氧基丁醇（Butoxybutyl

Alcohol, BBA）的物質。

然後，這個丁氧基丁醇會刺激肉雞的腦下垂體，抑制一種名叫正腎上腺素*36（noradrenaline）的壓力荷爾蒙分泌。

正腎上腺素能促進蛋白質被分解成胺基酸；換句話說，它算是一種分解肌肉的荷爾蒙。因此，只要抑制正腎上腺素的作用，減少分泌量，肌肉被分解的速度就會變慢。

也就是說，**透過壓力被減輕，抑制肌肉的分解，進而使得肌肉量增加**。吃麴菌長大的雞，除了麴菌以外，並沒有餵食其他特別的食物，卻長得又肥又壯，完全顛覆飼料營養學的常識。

減少脂肪，增加肌肉，麴可以幫我們達到如此理想的狀態。

不僅如此，**一邊抑制正腎上腺素的分泌，一邊還能減輕、釋放壓力，這對壓力大的現代人來說，可以說是最令人欣喜的效果了**。

再說一個麴與壓力的故事。有一段時間，父親為了研究麴，還養了豬，做起養豬戶。

豬關在狹窄的籠子裡會累積壓力，互咬同伴的尾巴。一不小心，被咬的一方就

---

*36 是一種壓力荷爾蒙，會造成心跳加速、血壓上升。當處於興奮或備戰狀態時，交感神經細胞便會分泌這種荷爾蒙。

餵食不同飼料的老鼠，腹部脂肪的變化

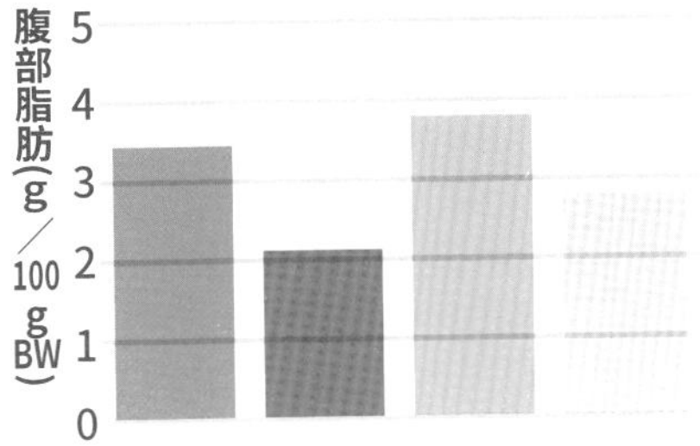

餵食不同飼料的老鼠，血糖值的變化

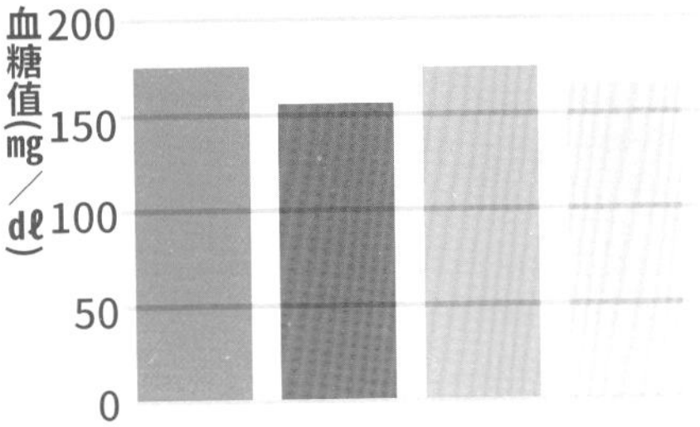

餵食不同飼料的老鼠，三酸甘油酯的變化

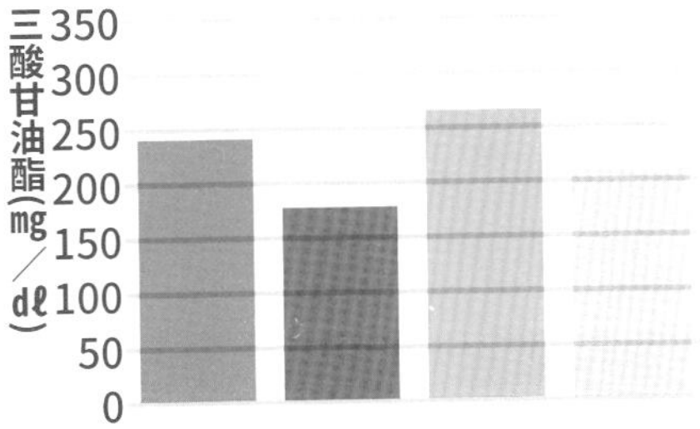

餵食不同飼料的老鼠，總膽固醇的變化

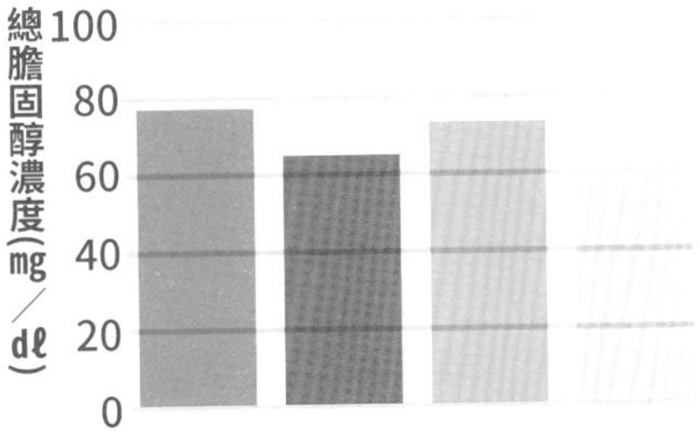

餵食不同飼料的老鼠，高密度膽固醇的變化

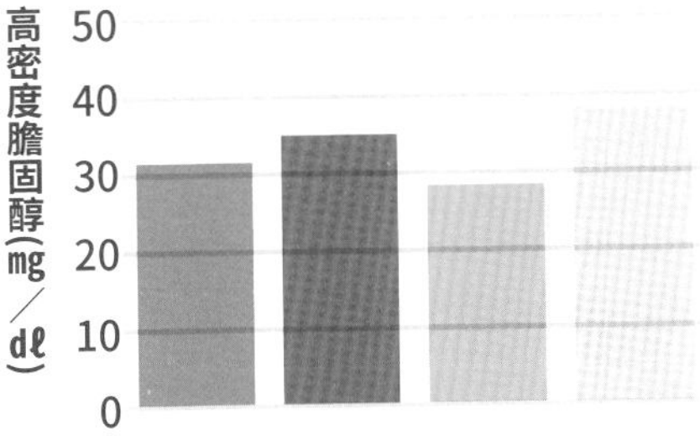

餵食不同飼料的老鼠，低密度膽固醇的變化

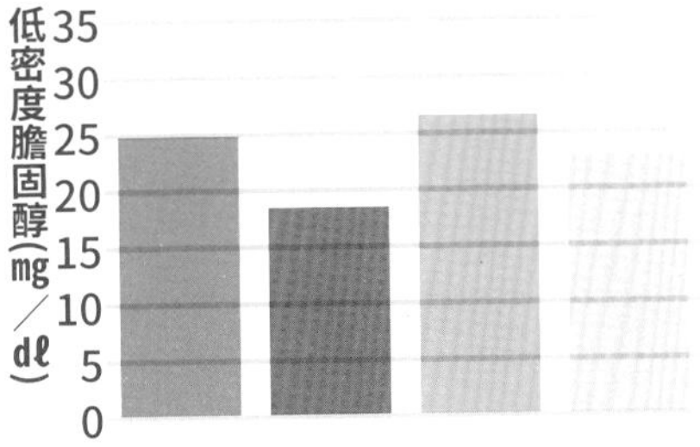

餵食一般飼料的老鼠

只餵食麴的老鼠

餵食高脂飼料的老鼠

餵食混有麴之高脂飼料的老鼠

把老鼠分成4組，分別餵食一般飼料、麴、高脂飼料（脂肪含量高的飼料），以及混有麴之高脂飼料。2週後發現，只吃麴的老鼠腹部脂肪減少，血液狀態也變好了。

會因為感染死亡，所以豬一出生就要剪尾，這是養豬的常識。

但是父親飼養的豬，從來不剪尾，都很健康地長大。那是因為牠們吃了摻有麴的飼料，不會累積壓力，也就不會做出互咬的行為。

由此可見，麴確實有減輕壓力的功效。

現代社會是壓力大的社會，大家為了消除壓力、放鬆心情，想必做了不少嘗試，試過各種方法，既然如此，何不把「吃麴」也納入你紓壓、減壓的方法？

特別適合胃不好的人、年紀大的人 ↓「麴的促進消化功能」

麴有一個很大的特徵，就是能產生非常多的酵素，而在黑麴與白麴所產生的酵素中，有一種名叫酸性蛋白酶的酵素，對促進消化特別有幫助。

顧名思義，這種酵素在酸性的環境中最能發揮功用。

由於胃酸的緣故，人類的胃通常維持在pH值為二的強酸狀態。因此，酸性蛋白酶在胃裡，能得到最大的發揮。不僅如此，黑麴與白麴產生的酸性蛋白酶，活性還特別強。

黃麴也會產生酵素，不過這種酵素屬於中性，在中性環境下較能發揮，進入胃裡就會失去活性。

黑麴與白麴生成的酸性蛋白酶非常強壯，而且耐酸性佳，即使進入含有鹽酸的強酸性胃裡也不會遭到破壞，仍然能發揮作用，幫忙把胃裡的食物分解得更細碎。

有了酵素幫忙，胃的負擔就不會那麼大，因此就算是天生胃不好的人，或是缺牙、牙口不好的長者，也能藉由吃麴來促進消化。

當然，對健康的人來說，食物被分解得更細碎，就更容易被消化，營養也能更好吸收，不僅能減輕胃的負擔，腸道也不用工作得那麼累，整個消化系統都會變好。

再者，人體能自行產生的酵素，分為消化酵素與代謝酵素兩種。隨著年齡增長，這兩種酵素的產量都會減少，這時候不妨**吃麴，靠著麴產生的酵素來幫助我們消化，不失為保健養生的好方法**。

在麴的眾多功能中，促進消化的功能看似沒有什麼，但是如果想要每天舒適、輕鬆地度過，這絕對是不可或缺的功能。

不管幾歲都活力滿滿↓「麴有助減輕更年期障礙」

前面提到，麴生成的某種物質可以減輕心理的壓力，這個機制對其他症狀也有不錯的效果。

比方說，更年期障礙。

大家都知道，更年期障礙是女性荷爾蒙的分泌急速減少，所引起身體、心理層面的諸多不適症狀。最近有研究指出，其實男性也會有更年期障礙的困擾。

不管是女性荷爾蒙開始分泌，還是自律神經*37做出反應，兩者接收到的指令都來自於大腦的下視丘。是的，它們的指揮部是同一個。

因此，一旦女性荷爾蒙的分泌開始混亂，隔壁的自律神經也會受影響，陷入失

*37 分為交感神經與副交感神經兩大系統。基本上，交感神經在白天的作用較強，有助於身體保持興奮、警覺的狀態；副交感神經則是從傍晚到晚上睡著時比較強勢，有助於身體的放鬆。一旦壓力過大，生活、睡眠的步調被打亂，自律神經的平衡便會遭到破壞，造成自律神經失調。

衡的狀態，不過也有可能剛好顛倒。

而造成自律神經失調、平衡被破壞的主要原因，就在於壓力。

比方說，一開始並不覺得有什麼壓力，卻因為女性荷爾蒙的分泌失調造成身體不適，這個不適本身變成壓力，結果導致自律神經也跟著失調。

或是反過來，因為工作或家庭感覺到很大的壓力，自律神經崩壞，結果導致女性荷爾蒙的分泌也跟著大亂。

女性荷爾蒙和自律神經互為因果、互相影響，這樣的案例太多了。

這時候，吃麴可以讓其中一種壓力荷爾蒙——正腎上腺素的分泌減少，使得壓力獲得減輕，於是更年期障礙的症狀也會跟著減輕。

事實上，我的母親在父親的影響下，長年攝取含有白麴成分的食品，就不曾感受到更年期障礙。

還有我朋友的妻子更年期障礙很嚴重，不過自從吃了白麴後，就完全好了。

受更年期障礙困擾的女性和男性，麴都會是你最好的朋友。

少子化問題的解方!?→「麴的助孕效果」

開始吃麴之後，發生的不可思議現象之一，就是容易懷孕。關於這部分，父親見過的實例太多了，所以就請父親出馬說明吧！

麴博士：大家好，這個部分就由我來為大家說明。

吃麴有助懷孕，聽到這個，可能會有人怒斥：「太誇張了！」不過，這真的是事實。

其實，這也是一個笑話。霧島市就業服務處流傳著某個小道消息：說是「只要進到源麴研究所或河內菌本鋪工作，就可以順利懷孕。」（笑）

我們公司的員工，平常都會喝麴做的飲料，或是吃和麴有關的食品。

曾經有年過三十五的新進女員工對我說：「我聽說只要進來這家公司就能懷孕。」當時我回答：「啊！這個我可不敢保證。」不過，隔了一陣子的某天，我在早上一到辦公室，就發現桌上放著一封辭呈，上面寫道：「託你的福，我順利懷孕了，真的很謝謝你。」看來她目的達成就閃人了（笑）。

還有一個例子是，某位正在接受不孕症治療的男性找上我。我請他多吃含有白麴成分的食品，結果一個月後，謝禮就來了。

這位仁兄以前的檢查結果，精蟲數只有八千隻，開始吃白麴後再檢測，竟然一口氣增加到三億隻，而且精蟲的活動率，之前檢測的時候只有八％，現在已經變成八〇％。

這個結果連我都感到驚訝，這位仁兄的故事只是我見到的眾多案例之一，我們公司收到的「託你的福，我懷孕了」的謝函，總是如雪片般飛來。

雖然麴無法與受孕的機制直接產生關聯，但是**從精蟲數增加、活動力上升這一點來看，麴確實有助於調整荷爾蒙的分泌，讓精蟲或卵子變得更有活力**。

總歸一句話，歷經長期、艱辛的不孕治療，卻始終無法懷孕的人，不妨考慮把白麴作為治療方案之一。

緩解風濕症狀↓「抑制自體免疫疾病」

麴有助於緩解風濕的症狀。「咦？風濕嗎？要怎麼治？」你可能會這麼想。

說到風濕，一般人的印象不外是：年紀大了就會有，要去看整形外科*的一種骨骼變形疾病，但其實它是免疫系統異常所引發的疾病。

因為免疫系統的過度反應，導致自己攻擊自己的情況發生，這就是自體免疫疾病。免疫系統暴走，把關節周圍的細胞也當作入侵的敵人而展開攻擊，引起發炎反應，嚴重的話，連骨骼都會被溶解。

據說在六十歲以上的女性之中，五％至一〇％都有風濕的困擾，至今仍然找不到完全治癒的方法，為了壓制症狀，只能吃藥抑制身體的免疫反應。

然而，這樣會害身體的免疫力變得太差，萬一碰到像這一次流行的新冠病毒，感染的風險就會非常高。

如果能不讓免疫力下降，又可以不用吃藥，慢慢改善就好了。有的，這時候麴

***譯注**
這和台灣的情況不一樣，台灣可能去看骨科、復健科或免疫風濕科。

就派上用場了。

前面曾經提到，攝取白麴可以讓「抑制性T細胞」增加。「抑制性T細胞」具有調節免疫的功能，只要它增加，就可以避免免疫系統暴走，大幅降低自己人打自己人的情形發生。

事實上，我的祖母也是風濕症患者，不過**自從她吃了白麴後，就控制住病情，吃的藥也少了幾顆**。還有就是飲用麴水（第三章會說明製作方法）的人的經驗談，據他們說，喝了麴水後，關節疼痛的情形確實減輕了。

麴不僅能使「抑制性T細胞」增加，也能讓NK細胞（自然殺手細胞）增加，因此免疫力是全面性獲得調節，向上提升，可以說是一舉兩得。

總有一天，我一定要把麴運用在臨床醫療上，而免疫系統失調的人，我也建議不妨嘗試白麴菌。

最先獲得國家認證的美白有效成分→「麴的美白效果」

應該有很多女性都知道這一點，**麴可以讓膚色明亮、斑點變淡，有很好的美白效果**。

麴的美白效果，主要得歸功以下三種成分。

第一種是麴酸。麴酸最早在黃麴中被發現，世人發現，**「塗了麴酸後，皮膚會變美、變白」**。一九八八年，它更被日本厚生勞働省認證為「美白有效成分＊38」。

話說，化妝品公司的人之所以會開始研究麴酸，就是因為注意到：「每天接觸麴菌的杜氏，雙手都是又白又嫩。」是的，最早發現麴菌功能的正是美容業者。

第二種是維生素B群。甘酒是用黃麴做成的，甘酒裡就含有非常豐富的維生素B群和胺基酸。一堆臨床試驗報告指出，**喝了甘酒後，皮膚的彈性或水潤度都增加了**。據說，其中的維生素B群對美白也有不錯的功效。

還有，就是**米麴中有一種名叫葡萄糖腦苷脂（glucosylceramide）的成分，**

＊38 經厚生勞働省認證，麴酸具有「抑制黑色素生成，預防肝斑、雀斑」的功能，是有效的美白成分。目前得到官方認可的保養品成分大概有二十種，據說為了證明其安全性、有效性，每一種成分要獲得認證，起碼得花費近十年的時間。

可以生成肌膚的保濕物質——神經醯胺（ceramide，又稱為賽洛美）。不斷有報告指出，神經醯胺有助於維持皮膚屏障的完整性，防止水分經由皮膚流失，具有極佳的保濕、鎖水能力。

第三種則是，麴能生成一種名叫麥角硫因*39（Ergothioneine）的美白成分，大家應該對它比較陌生。

其實，麥角硫因在數十年前就被發現了，不過直到最近，大家才知道它自然存在於人體之中，是一種含硫胺基酸*40。

麥角硫因**有很強的抗氧化能力，只能透過麴菌或部分蕈菇從外部攝取，人體無法自然合成**，特別是**它能減輕紫外線對皮膚的傷害，預防斑點產生**。

這個成分還有很多需要研究的地方，一般都是從蕈菇而不是從麴菌裡萃取，但是綜合來看，從麴菌攝取似乎更方便也更周全。

此外，和杜氏的手又白又美有異曲同工之妙的是，我家參與製麴作業的七十多歲婆婆們，皮膚也都很漂亮，一點斑點都沒有。我的祖母已經九十三歲了，皮膚依舊充滿彈性，而不是皺巴巴的。

---

*39 一種胺基酸，只存在於蕈菇等真菌類或部分像是麴這樣的黴菌中，人體無法自行合成，它能清除自由基的高超抗氧化力，在健康與美容方面都備受矚目。

*40 含有硫磺的胺基酸。

再來，就是我父親的親身實證。父親會用下一節講到的麴菌精華液噴灑頭皮，當精華液不小心流下來時，竟然會把像是黑痣的斑點整個帶走。

說了這麼多，就是要告訴你，如果你想讓皮膚變美，就趕緊好好利用麴，越早用會越好。

七十歲還能長出頭髮！→「麴的生髮效果」

這是使用白麴的案例，麴還有幫助毛髮生長的功能。

「真的這麼厲害？」或許你會這麼想，其實我周遭就有好幾個真實的案例。一開始會想到用麴治療禿頭，起因於某個實驗。該實驗拿白麴的保健食品餵食老鼠，經過幾週後，負責飼育的女員工告訴我說：「和沒吃白麴的老鼠相比，有吃白麴的老鼠毛色更有光澤了。」

一開始，我沒有把這件事放在心上，想說：「應該只是湊巧吧！」可是她說了好幾次後，我心想或許值得一試，於是就萃取白麴精華做成精華液，請父親幫忙測試。

父親年屆七十，試用精華液前，頭頂毛髮因為年齡的緣故，不免有些稀疏，然而根據他本人的說法，**使用精華液之後，第一個感覺是掉髮不再那麼嚴重**。接著繼續使用一段時間後，**稀疏的部分竟然慢慢長出毛髮**。

如果只有父親一個人這麼說，可不能算數，所以我又找來公司員工，從頭頂到後腦勺都禿的男性進行測試。

結果，這位男士已經禿的地方也慢慢長出頭髮，後退嚴重的髮際線竟一步步地往上聚攏，雖然沒有回復到年輕時的濃密，不過至少從正面看去，以前一看就知道是地中海的頂部禿，現在已經看不出來了。

他本來就有異位性皮膚炎，因為很癢，經常抓頭皮，越抓越癢，越癢越抓，搞到後來頭髮都掉光了。

為了治療嚴重掉髮，他也曾使用生髮劑，只不過因為對化學藥劑過敏，頭皮癢到沒辦法繼續使用。

但是使用麴做的精華液就沒問題，不但不會發癢，皮膚也不會過敏，可以持續使用，這讓他非常高興，目前仍舊愛用中。

我也曾讓其他七十歲的男性使用看看，結果後腦勺禿掉的部分，竟然長出一堆細髮。不僅如此，整體髮質也變得非常強韌，聽說額前瀏海的部分還會自然豎起。

為什麼麴的成分會對毛髮生長有幫助？

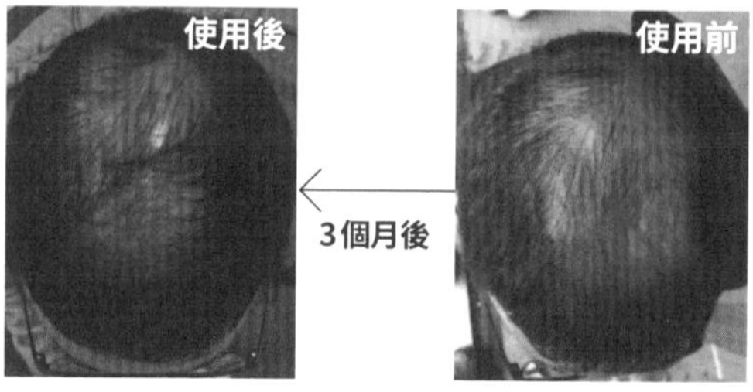

我想這和前面提到的「抑制性T細胞」脫離不了關係。有論文[*41]指出，「抑制性T細胞」除了能抑制身體發炎外，還能促進頭皮幹細胞增生。

只要讓頭皮的「抑制性T細胞」增加，就可以活化頭皮的幹細胞，讓毛囊恢復健康。換句話說，**持續使用麴做的精華液，可以讓進入休止期、停止運作的毛囊恢復生機，頭髮也就能再長回來了**。

當然，不可能剛開始使用，頭髮就如雨後春筍似地冒出來；如果毛囊已經完全壞死，也有可能再怎麼用都長不出來。

不過，既然七十歲的男性都可以讓頭髮再長回來，年輕人生髮成功的機率應該會更高吧！況且，它是天然產品，並非化學藥劑，頭皮容易過敏的人，不管男性還是女性，都可以安心、持續地使用。

*41 Regulatory T Cells in Skin Facilitate Epithelial Stem Cell Differentiation. Ali et al. 2017, Cell169, 1119-1129 June 1, 2017.

遠離老人味→「消除惱人體味」

麴令人驚喜的好處之一，是可以消除身體的異味。

就連**上了年紀的老人味，或是味道很重的狐臭，都可以幫忙解決**。

我的外公和我的父親同住，剛開始時，外公身上的老人味也很嚴重。於是，我請他持續攝取麴製的產品，二至三個月後，臭味竟然消失了。至於我的父親現在已經七十歲了，身上從來沒有令人不快的異味。

我自己也是，從來沒有被妻子或小孩嫌說「好臭」。

話說，體臭是怎麼來的？有可能是汗液滋生細菌所產生的味道，不過如果味道特別強烈，可能就是身體分泌的皮脂（皮膚表面的油脂）氧化造成的。

老人味的原因，是因為隨著年紀增長，身體分泌的一種名為「2-壬烯醛」*42（2-Nonenal）的脂肪酸增加，造成臭味產生。如今，就連一般大眾也知道2-壬

---

*42 皮脂腺中，名叫棕櫚油酸（palmitoleic acid）的脂肪酸，與過氧化脂質結合，形成的一種不飽和烴，帶有油臭味、青臭味，一九九九年由資生堂發現。

烯醛這個詞彙。脂肪酸是構成脂肪的物質，除了2-壬烯醛外，最近又發現有新的物質與高齡者的特殊體味相關。

2-壬烯醛也好，新發現的物質也罷，不管臭味是誰造成的，反正想辦法消滅它就對了，這是西方科學的思維。根據這樣的思維，廠商紛紛研發出一堆可以消滅、殺死臭味來源的產品。

然而，一味地撲殺、消滅，會讓正常皮膚的常住菌也被殺光，皮膚因此失去保護力。

不管造成體臭的原因為何，基本上都和構成、影響皮脂分泌的食物有關。因此，想要改善皮脂，應該先從食物下手，或許也可以試著吃麴。

此外，不光食物會有影響，當生活壓力過大時，體味也會特別濃烈。我們已經知道，麴有減輕壓力的效果，因此對因為壓力導致體味變濃的人而言，麴也有不錯的效果。

吃麴讓你老康健→「延長健康壽命」

現代人的壽命越來越長，活到一百歲已經不是新聞。

不過，也有一句老話：活得久不如活得好。與其活一百歲，卻有好幾年躺在床上，倒不如少活幾年，卻健健康康的。

父親也經常說：「我不求壽命延長，只求有能力工作的時間能長一點，希望能工作到嚥氣的前一刻。」

事實上，我也曾以老鼠做實驗，測試麴與長壽是否有關聯。

把老鼠分成兩組（各十二隻），一組餵食白麴，另一組則沒有。老鼠的平均壽命約為二年，那麼是哪一組比較長壽？

答案是一樣的，老鼠的壽命並沒有改變。

我也想說：「吃了白麴的老鼠比較長壽，活得比沒吃的老鼠更久，麴真的好厲害喔！」然而令人遺憾的是，結果並非如此（笑）。

不過，**這兩組老鼠的「鼠生」有非常明顯的差異**。沒有吃麴的老鼠，隨著年齡增長，身上的毛髮逐漸掉光，腳也變得無力，行動遲緩、搖搖晃晃的，一看就知道死期將至，命不久矣。

反觀**有吃麴的老鼠，每隻的毛髮都很有光澤，動作也很靈活**，但是就在你沒想到的某一天，突然倒下死了，真的是到死前的一刻都還生龍活虎。

所以，**吃麴雖然無法延長還在呼吸的生理壽命，但卻可以延長行動自由、生活能夠自理的健康壽命**，我這麼說應該沒錯吧？雖然目前還無法取得像論文之類的有效數據，但我還是會繼續研究。

麴能否延長健康壽命？這很難說，因為要用人類來做實驗實在太難了。但是，吃麴可以改善腸道環境，維持人體的免疫力，進而有助於延長健康壽命，這一點應該是可以肯定的。

可以想見，在未來的時代裡，麴的力量將是你我都不可或缺的。

麴的無所不能↓「對付各種癌症」

我在前面介紹各種吃麴對身體的好處，其中一項就連當醫生的我都感到由衷的驚訝，就是麴對癌症、腫瘤的功效。

或許有人會想，我又在講什麼民間療法、神奇偏方了吧！這也無可厚非。話不多說，我直接說病例給你聽吧！

真實案例一：這是我還在醫院工作時，來求診的患者，他罹患大腸癌，而且已經是第四期。大腸癌第四期基本上很難痊癒，所以他只使用抗癌藥物（化療），沒有動手術，然後每三個月做一次斷層掃描（Computed Tomography, CT），觀察病情進展的情況。

我請他每天吃有白麴成分的保健食品，結果之後再照斷層掃描，他的腫瘤竟然縮小了。他使用抗癌藥物治療已經持續一年的時間，所以不可能是因為吃藥讓腫瘤突然縮小，因此我推斷應該是白麴發揮作用。

還有這位患者因為服用抗癌藥物的關係，經常腹瀉，不過自從開始吃白麴後，他對我說：「醫生，我排便恢復正常，胃口也變好了。」驗血報告的數字也變得比較好看。

真實案例二：這不是我親自診治的患者，而是寫信給我的讀者，這位老兄說他「靠吃白麴來應付癌症手術」。

從他被診斷罹患癌症到動手術，中間有一個月的時間，在這段期間內，他每天都吃白麴的保健食品。然後等到真的動手術取出腫瘤時，發現腫瘤比之前檢查時小了許多。這位老兄在手術前，並未服用任何抗癌藥物。

真實案例三：父親朋友的妻子罹患子宮癌，正在接受治療，不過由於藥效太強，讓她不時就會出現被稱為雷擊性頭痛的劇烈頭痛。

這對夫婦某天碰巧經過我家在鹿兒島機場附近的店鋪，買了黑麴的飲料和白麴的保健食品。妻子開始兩者都吃，沒想到她的雷擊性頭痛竟然不再發作，由於她確實感受到效果，所以就不再吃藥，改成每天攝取黑麴、白麴來保養身體，準備日後動手術，一舉根除癌細胞。

結果，她的癌細胞竟然消失了。事實上，她還特地寄來複檢的X光片給我看。

或許你會覺得不可置信，覺得這些聽起來像天方夜譚。但是我還有很多這樣的案例，有的是攝護腺癌消失，有的是腎臟癌消失。

當然，麴不是藥，不可能光靠它就消滅所有癌症。

為什麼吃麴的人，可以像這樣讓身體的腫瘤縮小，甚至消失？我在想，應該是**白麴幫他們打造不利癌細胞生長的環境**吧！

我自己是外科醫生，並沒有否定抗癌藥物的意思。

我不排斥抗癌藥物，卻非常排斥它的副作用。況且，相較於患者必須忍受的辛苦、不適，抗癌藥物讓腫瘤縮小的效率實在太低。**如果能抑制副作用，又能讓抗癌藥物發揮作用，應該是最理想的狀態**。

接受癌症藥物治療的患者，大多有食慾不佳的問題，但是服用麴以後，他們的腸胃變好，吃東西也有胃口。這是最令人高興的事，**至少讓癌症治療變得比較輕鬆**，這絕對是麴可以辦到的事。

今後，我將善用、推廣麴在這方面的好處，並持續為癌症的治療貢獻心力。

CHAPTER 3

既「美味」又「健康」，吃麴一舉數得

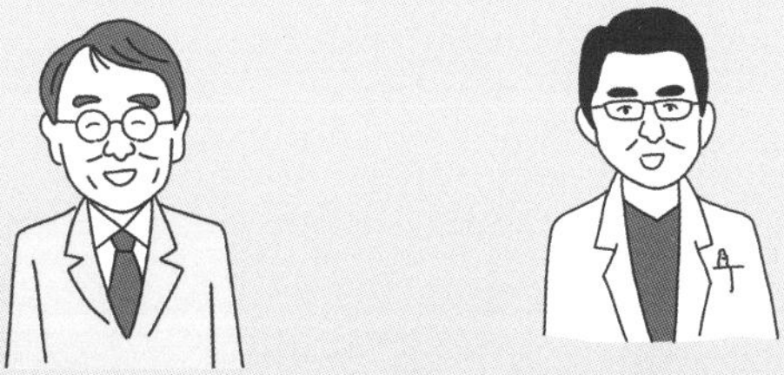

執筆：麴博士・山元正博／麴醫生・山元文晴

透過發酵的過程，產生各種營養素。
利用麴製成的「鹽麴」、
「甘酒」與「麴水」，
是日本自古流傳的超級食物。
就用它們豐富你每日的餐桌，
吃得既美味又健康。

和食調味料處處可見麴的蹤影

麴博士：這一章根據內容，有時候是我來寫，有時候是我兒子來寫，不一定。

我們已經了解，麴菌與由它培養而來的種麴，以及利用種麴製造的發酵食品，對我們的身體有諸多好處，那麼要怎麼做才能將其攝入體內？

當然，直接喝種麴製造的燒酒和日本酒是最簡單的方法，但是這樣會有飲酒過量的問題（笑），更何況有些人是不能喝酒的。

又或者可以考慮**醋、醬油、味噌這幾種調味料**，它們可以說是和食的根基、骨幹，**製造過程都會放入麴。味醂的製造也會使用到麴菌**。

只要每天用它們做菜，隨著菜餚一起吃下肚，不就能攝取到麴菌嗎？

再者，與精製的砂糖不同，甘酒裡有天然的寡醣，所以吃麴也可以享受到甜味。

大家都知道發酵食品對身體有好處，難怪納豆、醃漬物、韓式泡菜、優格的銷售量會越來越好。吃這些當然也不錯，不過我家是賣種麴的，私心希望**大家的一日三餐能以和食為主，盡量使用醋、醬油、味噌、味醂等這類傳統調味料**。

因為這些調味料的**製造過程都會放入種麴，都會歷經名為「發酵」的過程**。

話說回來，醬油、味噌不可能一次吃太多，吃太多的話，鹽分就會攝取過多，對身體也不好。醋也一樣，最近流行喝醋，但是也不可能像喝水一樣喝那麼多，對吧？

當然，直接吃麴也不是不可以，只是不配菜，光吃麴，要吃到那麼大的量，恐怕會有困難。

尤其像米麴這種是碳水化合物，吃太多，不僅熱量爆表，血糖還有可能會飆升。

這時候，這一章介紹的鹽麴、麴水、甘酒就派上用場了。這些東西取得容易，輕鬆即可納入日常的飲食生活，讓人能夠一次就攝取到麴經由發酵產生的龐大營養素。**想要積極攝取麴的話，鹽麴、麴水不失為方便簡單的好方法**。

而且，食物還會變得美味。

就說米麴好了，麴菌可以讓米產生還是米時所沒有的各種營養素。

況且前面也提到，**麴會產生大量的酵素**。大量的酵素可以把魚、肉等蛋白質分解成小分子的胺基酸，像是麩胺酸等，讓食物的「旨味」（鮮味）增加。

換句話說，**麴可以讓食物變美味、營養價值提高，對身體有著諸多好處**。

近年來，陸續有新的營養成分或是被稱為超級食物的食物出現，受到世人的追捧。然而，日本早就有麴，以及用麴製造的發酵食品等這麼棒的超級食物。在跟風之前，請你一定要試試**日本自古流傳下來的超級食物——麴**，保證不會後悔！

吃麴妙方①「鹽麴」：要確定有沒有酵素，有酵素才有效

麴醫生：大約在十年前，鹽麴颳起一股爆炸式的旋風。當時，我還在醫療現場，看到麴一夕爆紅，簡直嚇呆了。

然而，這股熱潮並沒有戛然而止，時至今日，在你我的印象中，它就是一道普通的家庭料理。我想這是因為鹽麴的深度美味，還有它對身體的好處，已經深植人

心的緣故。

鹽麴是混合麴菌、鹽巴、水，經過一週左右的常溫發酵，製成的簡單調味料。從外表看來，它與甘酒十分相似。

鹽麴可以增加魚、肉的鮮味，使肉質變軟，讓食物吃起來更加可口、美味，所以我家也經常使用鹽麴這種調味料。**魚、肉、蔬菜，不管怎麼樣的食材都可以用，也不拘中式、西式、日式等料理方式，鹽麴簡直像是魔術般的萬能調味料**。

你可以說它是「麴鹽漬發酵後的產物」，也可以說它是「沒有使用大豆的味噌」，總之，它真的是很方便的調味料。

只要上網搜尋：鹽麴有什麼好處？保證會有一大堆資料，不過總結起來就是兩句話：「**鹽麴含有大量的酵素，該酵素可以軟化蛋白質，釋放出鮮味**。」

關於「酵素」，就像第一章和第二章提到的，麴能產生大量的酵素，在酵素的作用下，食物的質地變軟，也變得更美味。據說**麴有三十種以上的酵素**，世界上應該很少有像它一樣的食物。

生鮮蔬果或發酵食品中也都含有酵素，所以平常吃這些東西也是不錯的選擇，但是吃麴的話，可以不費吹灰之力就攝取到大量的酵素。

比方說，在「特別適合胃不好的人、年紀大的人↓『麴的促進消化功能』」那一節，提到名為酸性蛋白酶的酵素，可以把蛋白質分解成胺基酸，讓食物產生更多的鮮味。

名叫解脂酶（lipase）的酵素可以分解脂肪，把脂肪分解成脂肪酸和甘油（glycerin），也就是它有去油解膩的功能。

除此之外，在酵素的作用下，各種維生素、胜肽，對人體有用的成分紛紛產生、被製造出來。

是的，酵素就是對身體這麼有幫助的物質，因此最近各種訴求「有效攝取酵素」的機能飲品或保健食品紛紛上市。為了減肥、變美，不惜花錢買高價的酵素產品來吃的人，應該不在少數。

不過，這裡有一點要提醒大家，**酵素這種東西很不耐熱，攝氏六十五度以上就會遭到破壞，失去效用**。如果你吃的酵素經過高溫殺菌處理，恐怕效果有限。

根據日本《食品衛生法》的規定，凡是食品以液體或生食的方式販售，一定要經過殺菌的程序，這是廠商必須盡到的義務，所以殺菌處理完的食物，幾乎已經沒有酵素了。

如果是麴的話，只要把種麴脫水、烘乾，它就不是液體，也就沒有殺不殺菌的問題。因此，**使用乾燥麴菌製成的鹽麴、甘酒、麴水，裡面一樣含有大量的酵素**。

食用之前，一定要搞清楚裡面有沒有酵素，這是最重要的事。

「鹽」的作用在防止腐壞，濃度、比例很重要

麴醫生：鹽麴是混合麴菌、鹽巴和水製成的。至於**為什麼要放鹽？主要是為了防止腐敗**。

因此我們在製造鹽麴時，一定要控制好鹽的濃度。

鹽放太少，鹽麴容易腐壞；鹽放太多，不但對身體不好，食物也會變得只有鹹味。

兩相權衡之下，我認為**最佳的鹽分比例是一二％至一三％**。

加鹽的目的本來在防止腐壞，結果卻讓鹽的鹹和麴的甜完美融合，化為風味優

雅的美味。

請參考以下的配方，自己在家裡製造鹽麴。

對了，事先把乾燥的種麴和鹽混合，使用時只要依照指示加入一定比例的水，我們公司已經在販售這樣的鹽麴產品。

百搭的萬能調味料：自製「鹽麴」

只要攪拌均勻、放著就行了，手殘的人也能輕鬆完成，這正是鹽麴的魅力之一。

在此僅介紹我們公司的做法，鹽的濃度為一一%至一三%的配方。

鹽放太少的話，可能會變成酒或醋，所以請特別留意鹽的濃度。

鹽麴

材料

米麴：300公克

食鹽：90公克

水：400cc

做法

1 把米麴和鹽巴放入大碗或保鮮盒中，充分混合。

2 先放入指定分量一半的水，蓋上蓋子，靜置一日。

3 第二天，把剩下一半的水也倒進去，充分攪拌均勻。

4 擺放在常溫下，1週～10天的時間（夏天的話，可能只需要5天）。1天攪拌一次，讓空氣進去，使米麴、鹽巴充分溶解。

5 等米粒變軟，手指一壓就整個化開，代表發酵完成。這時候不妨試一下味道，鹽的鹹味沒那麼重，不苦鹹就可以了。

★完成後放入冰箱冷藏室中，盡量在3～4個月內使用完畢。

★做的量多的話，可以分裝成小袋，放入冷凍庫保存，要用時再放在常溫下自然解凍。做的量少的話，只要像這樣——米麴：100公克、食鹽：30公克、水：135cc，依比例減少食材的分量即可。

使用「鹽麴」的簡單料理

香煎鹽麴豬排

材料

豬排（里肌肉）：180公克×2片

鹽麴：1大匙多

做法

1 把豬排和鹽麴放入塑膠袋裡，充分搓揉，用鹽麴醃漬豬排。

2 放入冰箱冷藏室靜置半日。

3 把豬排從塑膠袋裡拿出來，稍微抖落表面的鹽麴，下鍋煎就可以了。

POINT

麴有去腥的效果，可以去除所謂的「豬臭味」。麴也有去除血水的功能。

像是腿肉、腱子肉等較硬的部位，用麴醃漬後會柔軟許多。

煎的時候，可以在平底鍋上鋪一層料理紙，這樣就不怕燒焦了。

香煎麴漬冷凍魚

材料

竹筴魚、沙丁魚、鮭魚都可以，準備喜歡吃的魚切片：適量

鹽麴：確定能完全覆蓋魚片或魚身

做法

1 在冷凍魚的表面塗抹鹽麴。要確定鹽麴能完全覆蓋魚片或魚身，不會看到表面的魚肉或魚皮。

2 放入冰箱冷藏室靜置4～5小時。

3 將表面的鹽麴稍微抖落，就可以下鍋煎了。

POINT

用鹽麴醃漬一下，冷凍魚特有的腥味即可輕鬆去除。

下鍋直接煎，鹹香夠味，已經很好吃了，不過也可以嘗試做成南蠻漬。由於麴的酵素會將魚肉分解，製造出很多孔隙，南蠻醋醬的醬汁很容易就滲透，肉會更鬆軟入味。當然，沒有冷凍魚，用一般處理好的魚片也可以。

麴醬麵包片

材料

鹽麴：3大匙
麻油：少許
黑胡椒：少許
麵包（法式長棍麵包）切片：適量

蔬菜的鹽麴漬

材料

白蘿蔔、黃瓜、大白菜等，準備喜歡吃的蔬菜：適量

鹽麴：目測約蔬菜1/10的量

做法

1 蔬菜清洗乾淨，瀝乾水分，切成適當的大小。

2 加入鹽麴，充分搓揉。直接放入夾鏈袋中，擠壓出裡面的空氣，放入冰箱冷藏室靜置一晚。

POINT

通常，只醃漬一晚，乳酸菌增加的速度沒那麼快。但是，用鹽麴的話，由於鹽麴釋出的酵素可促進乳酸菌的生長，所以只需放置一個晚上，蔬菜就會變得酸香夠味。

做法

1 鹽麴、麻油、黑胡椒拌在一起，形成糊狀。

2 塗抹在麵包片上就完成了。可以視個人喜好，放上番茄丁等其他配料。

鹽麴豆腐

材料

豆腐：1塊
鹽麴：完全覆蓋住豆腐的量

做法

1 用紗布將豆腐包裹起來。
2 放入鹽麴中，浸漬3～4小時。
3 取出豆腐，去除紗布，將周圍的鹽麴輕輕抖落。

POINT

在鹽的滲透壓作用下，豆腐的水分會往外流，鹽麴的酵素則會往裡面跑。於是，麴釋出的酵素會將豆腐的蛋白質一步步分解，轉化成鮮美的胺基酸，豆腐的口感變成像起司一樣，不管質地或味道都被濃縮了。吃起來就像沖繩的「豆腐乳」，味道非常獨特。

吃麴妙方②「甘酒」：把天然甜味搬上餐桌

麴博士：想要把麴納入飲食生活中，平日裡多吃的話，我還推薦一個很好的東西，就是甘酒。只用米麴、米、水製成的甘酒，是日本非常棒的食物之一。**甘酒被稱為「喝的點滴」，是濃縮各種營養素的超棒飲品**，相信這一點是無人不知，無人不曉的。

我強力推薦甘酒的理由，不只是因為營養，更因為它是天然、完全沒有任何人工添加物的甜食，這一點才是最重要的。

最近我們吃的食物或飲料，都放入太多人工甜味劑。像是第二章提到的「異構化糖」，或是阿斯巴甜*43（Aspartame）等甜味劑，都是人工合成的化學糖精。

阿斯巴甜的甜不是自然生成，卻被大量運用在一堆號稱「零卡」、「低熱量」，有助於減肥的產品中。

至於這類人工甜味劑到底哪裡不好？主要是因為它們會破壞腸道生態的平衡。

＊43 胺基酸的一種，由天門冬胺酸和苯丙胺酸聚合而成，甜度高，甜味純正，經常被當作代糖使用。是日本厚生勞働省許可的食品添加物之一，一天建議的最高攝取量為二公克。

異構化糖也好，阿斯巴甜也罷，都不像其他營養素可以被分解，會直接被腸道吸收，可是就算被吸收，也**不會像葡萄糖一樣變成熱量，透過燃燒，被身體利用，而是會直接殘留在體內**，這是它們的特徵。

在第二章中，已經討論麴如何顯著改善腸道環境。以阿斯巴甜為例，吃下阿斯巴甜後，會在腸道裡增加喜歡阿斯巴甜的菌，這是實驗結果已知的事實。

如果長期、經常性攝取，為了消化這種不天然、無法被分解的物質，腸道裡的某種特定細菌就會不斷增加，進而造成**腸道菌群失去原有的平衡**。

腸道環境惡化對身體造成的弊端，是多方面的。不只是便祕或拉肚子那麼簡單，**由於腸道是身體最重要的免疫器官，影響的是全身的免疫力**。自閉症兒童的腸道環境是崩壞、不健全的，最近經常聽到這樣的說法。

長期攝取精製的化學糖精，會害腸道環境失衡，失去天然的防護力，這一點不可不慎。

來一杯甘酒：夏天消暑解渴或是幫孩子調整體質就靠它！

不過，就現實面來看，我們在家裡煮飯時，能夠幫食物增加甜味的調味料實在不多，大概就是白砂糖，同樣也是精製糖的黃砂糖、寡醣*44、龍舌蘭糖漿*45、蜂蜜這幾種選擇。

所以，我們才會大力推薦甘酒。

甘酒的甜是自然的甜，主要來自其含量豐富的寡醣。腸道菌有好菌、壞菌、中性菌，而寡醣正是好菌最喜歡的食物，吃寡醣，腸內的好菌增加，腸道環境也會越來越好。

一般甘酒是用米麴的黃麴做成的，不過我們公司也販售用白麴做成的甘酒。如果要說兩者有什麼不同，就是白麴產生的糖不是寡醣，而是葡萄糖。

葡萄糖是身體與大腦的能量來源，好處在於可以馬上被分解，輕鬆轉換成能量，不容易發胖。不管是體能消耗大的體力勞動者，還是經常動腦、燒腦的腦力勞

*44 醣類中結構最簡單，只有一個分子的為「單醣」；由二至十個單醣分子聚合而成的「少醣」為寡醣。已知寡醣能讓比菲德氏菌增加，調整改善腸道環境。

*45 主要產地在墨西哥，是萃取龍舌蘭的汁液提煉而成。雖然甜度是砂糖的一．三倍，GI值（升糖指數）卻很低，也常被當作代糖使用。

動者，都很推薦一試。

不過，它會影響血糖的數值，所以糖尿病患者攝取時還是要注意。

總之，只有一個原則，就是**不吃精製、加工過的糖，盡量選擇純天然的。像甘酒就很天然，無論是直接拿來喝，或是作為調味料使用，都很適合**。

我們公司有附設托兒所，幫忙照顧員工的孩子。幼童的抵抗力弱，很容易就受到感染，一旦孩子生病，大人也會無心工作，所以我們經常讓托兒所的幼童飲用自家生產的甘酒。

我們也會定期檢測孩童的糞便，發現**自從喝了甘酒後，糞便的狀態明顯改善**。不僅如此，感冒、生病的幼童也變得非常少。

在氣溫節節高升、酷暑炎熱的夏天，飲用甘酒不失為很棒的消暑解方。甘酒除了有天然的糖，還有B_1、B_2、B_6、泛酸（pantothenic acid，又稱為B_5）、生物素（biotin，又稱為B_7）等各種維生素，**不會造成胃腸的負擔，還可以幫你快速恢復體力，實在是非常棒的活力飲料**。

幼童喝了甘酒後，糞便醋酸濃度的變化

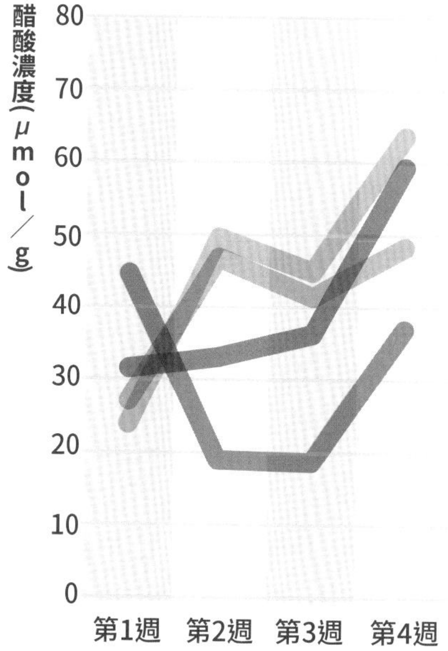

幼童喝了甘酒後，糞便丙酸濃度的變化

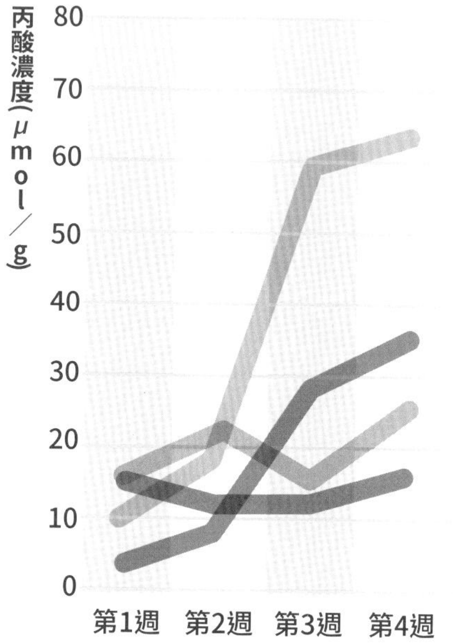

幼童喝了甘酒後，糞便酪酸濃度的變化

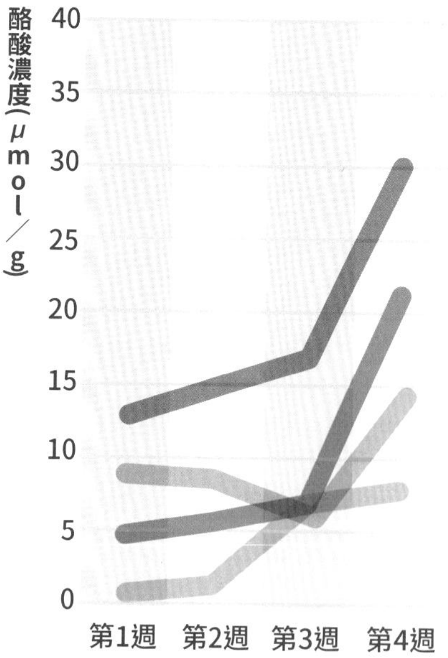

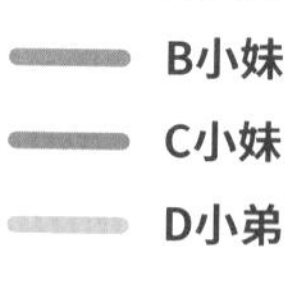

讓4名幼兒園的幼童每天飲用100公克的甘酒，持續4週，檢測糞便的狀態，發現有助於鞏固腸道黏膜屏障的丙酸，以及讓腸道環境變好的酪酸，濃度都增加了。

自製日本傳統的活力飲料「甘酒」

雖然都叫甘酒，但是甘酒也分好幾種，有用米麴做成的，也有用酒粕加砂糖做成的。

就像前面所說的，如果可以，我們要盡量少用精製糖，也只有米麴做的甘酒，能擁有那麼多營養素。

因此，**直接用米麴做成的甘酒是最棒的**。材料並不難找，所以建議你不妨自己在家裡試做看看。

製作時，**最重要的是溫度的掌控**。全程維持在攝氏六十度左右，這是最適合分解酵素（澱粉酶）發揮功用的溫度。

我們公司也販賣純米麴製作、無酒精的甘酒，覺得不方便自己做的人也可以考慮購買。

甘酒

材料

米麴：150公克

粳米或糯米：1.5杯（電鍋的量米杯）

溫開水：150cc

所需器具

電鍋

溫度計

做法

1 把生米用比平常多的水量煮軟成黏稠的粥狀（用已經煮好的冷飯也可以）。

2 煮好後，把飯攪拌開來，稍微散熱，降溫至60°C左右備用。

3 加入捏碎的米麴和溫開水，確實攪拌均勻。

4 設定電鍋為保溫的狀態（最佳溫度為55°C）。

5 每30分鐘～1小時，掀開鍋蓋，攪拌一次，量測鍋內的溫度。這時候請適當調整、開關電鍋的保溫功能，確定米飯的溫度維持在55°C～60°C。重複這樣的步驟，約6～8小時後，甘酒就完成了。

★做好的甘酒放進冰箱冷藏，盡量在1週內食用完畢。如果是放冷凍庫的話，約可保存1個月。事先分裝成小袋，會更方便使用。

POINT

如果無法經常調整溫度，電鍋就不要蓋上蓋子，用沾濕的毛巾或棉布把米飯蓋著，讓它持續保溫即可。不過，這麼做有可能會讓溫度升得太高，所以每隔幾小時還是要攪拌一下。

使用「甘酒」的簡單料理

作為料理的調味料

在燉煮、滷東西時，如果要使用砂糖，不妨以甘酒替代。保證不死甜，又有滋有味。也可放進湯或沙拉醬裡調味，簡單方便。

取代花生醬

甘酒加入芝麻油，用食物調理機打勻，吃起來味道就像花生醬，連對花生、堅果過敏的孩童都可以吃。

自製雞尾酒

以米燒酒或蘭姆酒為基酒，加入甘酒，調製個人專屬的雞尾酒。甘酒的微甜中和基酒的嗆辣，可以說是絕妙組合。

做成沾醬或果醬

混合甘酒與味噌做成沾醬，吃蔬菜時（像是蔬菜棒），直接拿來沾著吃，既簡單又營養，還十分美味。

也可以取代砂糖，用甘酒製作果醬。絕對會成功的，請一定要試看看。

吃麴妙方③ 「麴水」：輕鬆享受麴的好處

麴醫生：把麴納入日常的飲食生活中，還有一個非常方便的方法，就是麴水。

把麴的成分、精華用開水泡開，使其溶解在水中，便成了喝的麴水，做法非常簡單，效果卻超好，是最近非常流行的健康飲料。

喝了麴水的人紛紛反映：**頑固的便祕解決了、高血壓的數值降下來了、不再那麼容易過敏、風濕的症狀減輕、不用再吃那麼多藥**等。「真的假的？」疑心病重的人可能會以為自己聽到的是仙丹吧？

但是閱讀過第二章的人應該就會相信，吃了麴確實會產生這樣的效果。麴水是**讓麴的酵素隨著水直接進入身體，會出現上述功效也就不足為奇了。**

透過飲食，讓麴菌進入體內，麴水在這一點上和鹽麴、甘酒是相同的，但是有些人不喜歡鹽麴或甘酒的味道，那麼麴水就會很適合。事實上，就有消費者向我反映，她本身不喜歡甘酒，卻覺得麴水很美味，可以持續飲用，後來她的皮膚都變好了。

要讓麴進入身體，其實直接吃麴也可以，但是像米麴屬於碳水化合物，多吃會胖，血糖也有可能飆升，這是無法避免的缺點。再說，不做成鹽麴、甘酒，也不變成味噌或醬油再吃的話，老實說，真的不是那麼美味。

還有一天要吃三百公克的麴，恐怕會很困難，但是麴水的話，一天喝個五百毫升至一公升就有可能。

所以喝麴水可以**避開麴的壞處，卻把好處全部囊括了**，由此可見，麴水確實是非常棒的飲料。像是工作很忙，忙到沒時間做飯的人，就可以試試麴水。只要把麴和水裝進水壺，放入冰箱冷藏，靜置幾個小時就完成了。

除了調味料以外，想要更輕鬆攝取麴的人，一定要試試麴水。

榮獲世界第一名餐廳認證，超越白酒的調味料

麴博士：各位知道**丹麥哥本哈根有一家名叫「Noma」的餐廳**嗎？這家餐廳非常厲害，曾經九度摘獲米其林星星。從二〇一〇年起，更曾四度榮登「世界五十大最佳餐廳」的冠軍寶座。

該餐廳的料理基本上是北歐料理，不過有一個很大的特色，就是把發酵作為烹飪的主要元素。**餐廳設有「發酵實驗室」，長期進行關於發酵的研究**。後來還出書，書名就叫做《NOMA餐廳發酵實驗》（*The Noma Guide to Fermentation*）。

在那本書裡，介紹醋、麴、味噌、醬油，不僅講述發酵的方法，還提供食譜，教你怎麼運用。書中甚至還提到：「**有一種名叫白麴的麴菌可以產生檸檬酸，用白麴萃取物調製的麴水是超越白葡萄酒的調味料，可以做成非常美味的料理**。」確實如此，完全正確。

這本書把歐美人士普遍不是很了解的麴，研究得如此透澈，讓我非常高興，但反過來一想，發祥於日本的飲食文化，竟然是由歐洲人推廣，又讓我心有不甘。

難得日本發展出這麼豐富多彩的吃麴文化，保存到了現在，身為種麴屋傳人的我，**一定要宣揚麴的好處，讓它從日本走向全世界**。

目前，我和前長崎豪斯登堡料理長上柿元勝主廚*46，推出一個很棒的企劃：專門研發與發酵有關的食譜。

使用日本獨一無二的發酵食品——麴，能做出什麼樣美味的料理？如此一來，麴水肯定能大顯身手。我一定要實現這個企劃，把麴介紹給全世界。

前一節已經把麴水的好處都告訴大家了，不過麴水有一個缺點，也是唯一的缺點，就是不容易保存。我們現在已經在研發能夠保留酵素等有效成分的特製麴水，預計近期就可以上市，敬請期待。

---

*46 一九九一年起，擔任豪斯登堡歐洲大飯店總料理長暨總經理，以及豪斯登堡旗下各飯店的名譽總料理長。二〇〇三年，榮獲法國授予的國家農業功績騎士勳章。從天皇、皇后開始，曾接待多國貴賓、政要，為其烹煮佳餚。著作等身。

自製內服、外敷效果都一級棒的「麴水」

免開火、免烹煮，**只要把麴與水混合在一起，放在一旁擺著就好的「麴水」**，是無論老人、小孩、不會做菜的人都可以輕鬆完成的飲品。

唯一要注意的是，千萬不可加熱。**一旦加熱超過攝氏六十五度，麴的酵素就會被破壞殆盡**，完全沒用。

此外，同樣一包麴可以使用三次，只是到了第三次，顏色或味道應該都會很淡了。

不過，麴的成分還是會溶於水中。安心喝，沒問題的。

在接下來的番外篇裡，會介紹把麴水當作化妝水或入浴劑使用的方法。請嘗試從身體內外，徹底把麴的力量吸納進來。

麴水

材料
米麴：100公克
水：500cc

所需器具
不織布材質的茶包袋或滷包袋（大的）
泡麥茶之類的冷水壺

做法
1 把米麴放入茶包袋內。
2 接著丟入冷水壺中，加入開水。
3 放入冰箱冷藏室靜置8小時就完成了。

★做好的麴水最好在3天內喝光。一定要放在冰箱冷藏。
★同一包麴可以重複使用3次。

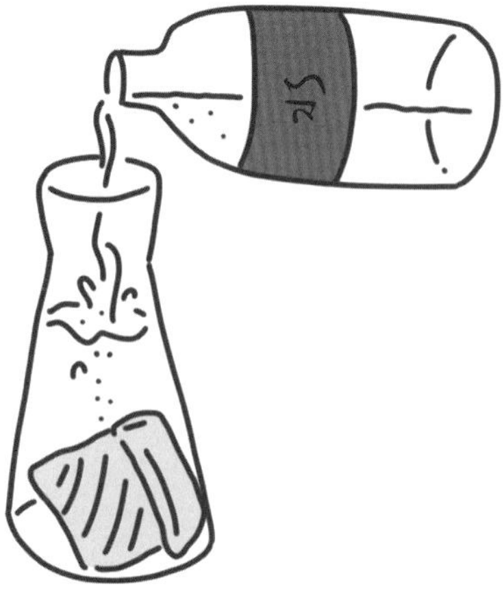

【番外篇】用「麴」呵護你的肌膚

麴醫生：在第二章提到，麴對皮膚有美白的作用，也有保濕的作用，所以麴可以當作保養品或入浴劑使用，這一點是無庸置疑的。說一句題外話，我的父親還用鹽麴刷牙。

不妨把麴水當作化妝水使用，用完的麴水茶包也不要丟掉，透過以下的方法就可以徹底活用。

‧變成化妝水

把麴水裝進噴霧罐裡，當作化妝水使用。

★麴含有蛋白質分解酵素（蛋白酶），有人可能會對這個過敏。建議皮膚比較脆弱的人，可以先噴一些在手腕內側測試一下，確定沒有紅腫、發癢的情況，再拿來噴臉。

・變成入浴劑

麴水喝完，剩下的茶包也不要浪費，直接丟進浴缸裡，作為泡澡的入浴劑使用。

CHAPTER
4

用麴實現永續新生活

執筆：麴博士・山元正博

如果人類能一〇〇%活用麴的力量，
代表我們真正做到回收再利用。
日本面臨的各種問題、
整個地球的環境問題，
都可以獲得解決——
就讓我們向麴學習「互利共生」的方法吧！

最近引發熱議的SDGs，破解的鑰匙就在麴身上!?

前面講述的都是麴對人體健康有什麼好處，不過這一章想要探討麴在其他方面的能力和可能性。

最近，隨處可見**環保**[*47]、**永續**[*48]**這類名詞**。不僅如此，就連**永續發展目標**[*49]**（Sustainable Development Goals, SDGs）這樣的全球性目標**都出現了。

第一章也提到，這是全體人類的共業，我們現在必須為上個世紀自己闖的禍收拾殘局。必須集結眾人的智慧，同心協力才能解決這些難題。

二十世紀，人類極盡所能、毫無節制地大量生產、大量消費，造成廢棄物問題、資源減少問題、極端氣候的問題、全球暖化、河川與海洋受到汙染，現在這些問題全都反撲而來，對我們的生活造成不良的影響。

因此，在這些問題持續惡化之前，各國必須想辦法一起解決，就連在這個領域裡，麴和發酵也有發揮的空間，能派上用場。

＊47 ecology，原意為「生態學」，現在泛指全球性的生態運動，包括保護自然環境的行為，以及讓人類生活與大自然維持和諧的各種活動等。

＊48 sustainable，原意為「可持續的」、「能長期保存的」，後來轉變為「能持續發展的社會」，主要理念是不將資源使用殆盡，留給後代子孫乾淨、自然的生存環境。

＊49 永續發展目標是在二〇一五年由聯合國發起，有一百九十三個國家同意在二〇三〇年前努力達成，包含「消弭貧窮」、「共享潔淨能源」、「減緩氣候變遷」等十七項具體目標，指引全球共同努力，邁向永續。

聽我這麼說，很多人可能不解，想說：「這干發酵、麴什麼事啊？」

首先，**發酵技術已經不只應用在食物的製造上，同時也是產生乾淨新能源的重要過程**。

比方說，利用生物質*50，開發出可以取代石油等傳統能源的資源，生產能讓車子跑的生質燃料、對環境友善的生質塑膠等，這些東西的製造過程，其實都有「發酵」的參與。

有一陣子，日本也曾面臨工業廢水汙染河川的重大問題，為了要解決這個問題，到現在仍然沿用的方法就是「靠微生物進行發酵」。

是的，「發酵」不只被應用於食物、飲料的製造，在其他領域也已經是彌足珍貴的技術。

當然，這時候麴也能派上用場。

透過發酵，麴會**產生大量的酵素，分解物質，把它變成其他物質，或是產生發酵之前沒有的物質**，還有**在發酵的階段，麴會產生大量的熱**，這些本來就是麴的特色、強項。

利用這些特性，我已經找到方法，可以解決食物垃圾*51和燒酒廢液*52的問題。

---

*50 biomass，指由植物、動物、微生物構成的自然有機體中，能夠當作燃料或工業原料使用的物質，是乾淨、可再生的資源。二十一世紀以後，它變成僅次於煤炭、石油、天然氣的重要資源。為了能有效利用，各種技術持續研發中。

*51 和食品相關的廠商、店鋪等所產生與食物有關的垃圾，包括加工淘汰的不良品，已達到消費期限的過期品，還有吃不完的剩食、廚餘等。

*52 燒酒蒸餾完後剩下的液體。

雖然這對日益惡化的環境問題，不過是杯水車薪，但是多少有點幫助。在SDGs的目標中，也有「保護海洋資源」、「保育陸域生態」的目標，發臭、不好處理的東西不可直接丟進海洋或河川裡，應該有效利用。針對這一點，我研發的技術也非常有用。

還有，**如果能善用麴，把它做成飼料，不用花大錢就可以把家畜養得又肥又壯，肉和蛋的品質都變好了**。

對畜產業者來說，費用減少，生產效率卻提高了，可以生產並提供國人美味的蛋品或肉類，國內的糧食自給率也因而提高。連帶地，**全世界的「食物浪費」**[*53]**現象也會隨之減少**。

麴可以做這麼多的事？可以的。

請大家務必了解，麴進行發酵時產生的力量。

＊53 還可以吃的東西被當作垃圾丟棄。根據日本農林水產省、環境省在二〇一六年的統計，日本每年的食品垃圾多達六百四十三萬公噸。

麴對環境問題的貢獻①

利用麴的發酵熱，讓燒酒廢液的水分自然蒸發

酒麴的前身是一種麴，我家就是在製造、販賣種麴的，除了賣給釀造燒酒的酒藏，我們也會用它生產燒酒或馬格利酒。

基本上，只要生產、製造，無論是工業製品、食物還是飲料，都一定會產生垃圾或廢棄物。酒的製造也是一樣，燒酒的話，經過最後一道蒸餾的工序，會得到酒的原液，以及酒精被抽取後剩下的液體。後者的營養成分很高，但是以前大多數的廠商都把它排入河川或大海裡。

然而，《倫敦公約一九九六年議定書》*54 已經規定，禁止把燒酒廢液排放到海洋裡。那時候「黑霧島」剛剛受到世人矚目，第三波的燒酒熱方興未艾，大家也對大量產生的燒酒廢液要如何處理而傷腦筋。既然已經不能再排放到海洋，就要想辦法在陸地上解決廢液的問題。

燒酒廢液的九五%是水，不過因為它本是發酵的殘渣，營養價值奇高的同時，

*54 聯合國於一九七二年制定《防止傾倒廢棄物等物質汙染海洋公約》（Convention on the Prevention of Marine Pollution by Dumping of Wastes and Other Matter），通稱《倫敦公約》（London Convention），這裡指的是一九九六年修訂的新版本。

也很容易腐壞，放著不管，一下子就會酸敗，發出惡臭。

既然都是水，把水煮乾不就好了嗎？或許有人會這麼想。然而，要煮乾一公噸的燒酒廢液，需要的燃料費大概是一萬日圓（約新台幣二千二百元）。就算不心疼錢，這樣使用石油也很不環保。

這時候我就想到了，**生產麴菌時，麴菌會發酵、產熱而變得乾燥，所以只要利用發酵的熱能，讓水分自行蒸發不就好了嗎？**根據長久的實務經驗，我想到這個方法。

之前我們還怕「麴會變得太乾」，一天到晚調控溫度，所以對它的產熱能力非常清楚。

於是經過不斷的研究和實驗，投入數年的時間，我終於**開發出利用麴菌的發酵熱蒸發燒酒廢液的技術**，並且成立專門處理燒酒廢液的公司。

相較於一般的加熱乾燥，每公噸的處理費用為一萬日圓（約新台幣二千二百元），這個方法只要付每公噸一千五百日圓（約新台幣三百三十元）的電費就好了。

這絕對是有利環保、地球的技術，我可以充滿自信地這麼說。我們公司的工廠

到現在都還是全天運作，負責協助霧島市內的各個酒藏處理燒酒廢液。

麴對環境問題的貢獻②

在麴的幫助下，廚餘、剩食變身為飼料!?

研發出低成本、不使用燃油的廢液處理方法固然很好，但是水分被蒸乾後，還是會剩下麴的塊狀物，每處理完一公噸的廢液會剩下五％，也就是五十公斤的塊狀物，還是要處理。

這豈不是又回到原點了？

就連這個，我也想到可以請麴幫忙。乾燥後剩下的塊狀物，再讓它長出麴，讓它發酵，做成飼料餵食牛隻，沒想到對牛隻本身還有環境，都產生非常棒的效果。

就這樣，我把燒酒廢液處理完後產生的固體塊狀物，變成牛隻飼料的添加物，取名為「源一號菌」，開始對外販售。

如你所知，牛有四個胃，每個胃都有各自存在的理由與功能。

第一個胃好比發酵槽，第二個胃是攪拌機，第三個胃是過濾器，第四個胃就是一般正常的胃，負責消化食物。

其中最重要的是第一個胃，**這個胃裡有各種發酵菌，負責讓食物徹底發酵**。然後，依序是第二個胃、第三個胃，到了第四個胃才進行消化。

現代人為了讓牛隻、豬隻快速長大，會大量餵食營養價值高，例如玉米之類的精穀飼料。長此以往，卻讓第一個胃——「瘤胃」*55 裡的微生物層變得越來越薄。

如此一來，食物在第一個胃裡就不能徹底發酵。未能徹底發酵的食物通過第二個胃、第三個胃，直接流到第四個胃，導致第四個胃的胃液也變得十分稀薄。

牛的第四個胃和人體的胃相同，會分泌胃酸，保持在pH值等於二左右的酸性狀態，負責殺菌，避免食物中毒。

不過，當未發酵完全的食物進入第四個胃時，會讓胃液的分泌變少，減弱消化、吸收的功能，引發專業術語為「第四胃異位」的牛隻疾病。

只要在飼料裡加一點麴（源一號菌），即可解決這個問題，**麴飼料可以讓瘤胃裡的微生物活性增加，菌層變厚，讓食物順利發酵**。

＊55 rumen，是占有牛隻腹腔最大面積的器官，可以用來暫存食物，並且利用微生物分解飼料。

確實發酵的食物用適當的速度，進入第四個胃裡，導致第四個胃的pH值維持在適當的酸鹼度，胃裡的東西就不容易腐壞，於是**牛隻生病的情形大幅減少，牛舍也不臭了**。

不僅如此，麴似乎還有促進懷孕的功用，牛隻受胎率成長二〇%。對酪農來說，受胎率增加，代表牛乳的產量也會跟著增加，難怪這種飼料會如此受到酪農的歡迎。

不僅對乳牛有幫助，對肉牛也有顯著的功效，如今**鹿兒島縣前五大養牛業者中，有三家就是使用我家的麴飼料**。

總之，用燒酒廢液製成的麴飼料，不僅能讓牛隻健康、受胎率上升、牛乳產量增加，如果是肉牛的話，肉的品質也會大幅提升，簡直是夢幻般的全能飼料。

當初賣不出去，推銷得很辛苦的源一號菌，如今已是供不應求。

源一號菌推出時，正是名為《食品回收法》[*56]的法規施行時。

外食產業、便利商店、超級市場製造出大量的食品廢棄物，要處理它們是一大問題。各家公司得想辦法回收自家的食品廢棄物，做成飼料或堆肥，然而這筆費用實在太高了。

---

*56 二〇〇一年開始實施的日本法規。目的在減少食品相關業者製造、產生的大量食品廢棄物。同時，朝著回收再利用（把廢棄物變成肥料、飼料）的方向前進。

我身為農林水產省官員，職責所在，總想著**要怎麼才能用最低的成本將食品廢棄物回收再利用**。

有一天，公司前方的鹿兒島機場映入我的眼簾。機場每天都會產生大量的食品廢棄物，不好處理又浪費，**要是讓這些食品廢棄物長出黑麴，任由發酵，做成家畜用的飼料會怎麼樣？我突然萌生這樣的想法**。

於是，我用食品廢棄物培養河內黑麴菌，研發出所謂的液體飼料（Liquid Feed）。

在此之前，液體飼料都從歐洲進口，是用乳酸菌發酵製成的飼料。然而，我知道河內菌可以產生大量的檸檬酸和酵素，所以不用乳酸菌，改用河內黑麴菌，說不定效果會更好。

於是，我自己養豬做實驗，餵食豬隻用麴做成的飼料，藉此獲得更多可靠的數據。

「你又不是畜產業者，幹嘛親自養豬？也太辛苦了。」曾經有人這麼笑我。然而，我必須展現證據給企業或畜產業者，讓他們看到麴的功效，這樣對方才會相信我。就這樣，我現在已經飼養一千二百頭豬了。

事實上，**自從我餵食豬隻含有河內菌的液體飼料並進行研究後，得到的數據全都是好的，讓我做夢也會笑**。

我發明的液體飼料，做法非常簡單，只有在食品廢棄物上灑水，還有撒上黑麴的種麴，然後讓它發酵而已。

這項技術取名為「河內式黑麴液體飼料」。

通常要把食品廢棄物烘乾做成飼料，與處理燒酒廢液一樣，每公噸的花費是一萬日圓（約新台幣二千二百元）。但是，「河內式黑麴液體飼料」的花費就只有種麴的材料費，連同殺菌的成本計算在內，一公噸只需二千日圓（約新台幣四百四十元）。

當然要興建發酵設備必須花費一筆不小的費用，但這筆費用是一次性的，之後的維護成本並不高。

唯一要注意的是，這個飼料的製作只能使用黑麴或是白麴的種麴，不能使用黃麴，黃麴容易腐壞，前面已經講過了。

「河內式黑麴液體飼料」，**花費些許成本就能把大量的食品廢棄物變成飼料，是真正做到資源回收再利用的劃時代技術**，目前已取得專利，由各大超商的關係企業導入並引用。

不僅如此，作為普通飼料的輔佐飼料，「河內式黑麴液體飼料」也有很好的效果，能夠生產出更優質的豬肉，因此各大畜產業者也已經開始採用這個技術。

就這樣，不管給牛吃或給豬吃，劃時代的麴飼料終於完成了。

麴對環境問題的貢獻③

餵食麴飼料可以大幅降低豬糞的惡臭

用麴發酵的飼料，功能不只有讓食品廢棄物能有效地被二次利用而已。

餵食豬隻「河內式黑麴液體飼料」（以下簡稱「麴液體飼料」），豬舍的臭味也會消失不見。

通常飼養家畜的地方都很臭，一百公尺外都可以聞得到惡臭的味道。然而，**自從豬隻吃了麴液體飼料後，幾乎就不臭了**。

這也是麴發揮作用所造成的。

吃普通飼料的豬，難免會排放出消化不完全的東西，檢查糞便就會知道，而惡臭的來源便是這些未消化完全的食物。

然而，吃了麴液體飼料後，麴產生的酵素能將飼料完全分解、消化，所以幾乎沒有未消化完全的食物。

所以，只要豬隻持續吃這樣的飼料，豬糞當然就不再發臭。

這是非常容易理解的麴的功效之一。

最大的功勞者是黑麴與白麴的特色：「檸檬酸」。黑麴和白麴會產生檸檬酸，使得**它們生成的酵素具有非常強的耐酸性，即使進到強酸如pH值為二的胃裡，仍舊很有活力**。

畜產的惡臭問題，特別是養豬業的惡臭是全球性問題，不管在哪裡都會引發業者與附近居民的衝突，問題十分嚴重。如果不找到解決的辦法，可能再過不久，養豬業就要被廢止了。

這時候，麴液體飼料就可以派上用場。

麴對環境問題的貢獻④

麴飼料豬的糞便是非常棒的肥料

餵食豬隻摻有麴的飼料，可以抑制豬糞的惡臭。然而，麴的本事不只是這樣。我們公司旗下有一家名叫「源氣農場」的養豬場，養了一千二百頭豬，這是我為了研究餵食豬隻麴液體飼料時，會發生什麼事，以及會有什麼效用，而想盡辦法建立的大型實驗室。

豬隻吃了麴液體飼料後，會出現幾個特別的現象。

首先，麴液體飼料保持在pH值為四的弱酸性。這有什麼好處呢？在pH值為六以下的弱酸環境裡，口蹄疫*57之類的各種病原菌都會死光，無法存活，所以**疾病不容易擴散，豬隻可以健康長大，仔豬的死亡率降低了**。

又好比前幾年很嚴重、好發在仔豬身上的PED疾病*58，我們發現只要豬隻吃了麴液體飼料就不容易感染，就算感染也能很快恢復健康。

*57 由口蹄疫病毒引起的一種家畜傳染病，擴散、傳染力極強，主要發生在牛、豬、山羊、駱駝、鹿的身上，一旦感染會發高燒，並出現水泡，嚴重甚至會造成仔豬、仔牛的死亡。

*58 豬流行性下痢（Porcine Epidemic Diarrhea），由造成豬流行性腹瀉的病毒所引起，被指定為獸醫發現就必須通報的豬隻傳染疾病。一旦流行，仔豬的死亡率會特別高。人類不會被傳染。

不僅如此，吃了麴液體飼料的豬，腸道裡的乳酸菌會大量增加。當然，糞便裡面也會有這種乳酸菌，所以糞便也呈現弱酸性。

如此一來，**蛔蟲等寄生蟲就無法生存，豬的內臟不會受到蛔蟲的汙染，也就不用害怕沙門桿菌了**。看看，是不是好處一堆呀（笑）？

更棒的是，吃了麴的豬隻糞便還可以做成「全熟堆肥」。

全熟堆肥指的是，堆肥使用的有機物完全分解、發酵，其中蛋白質的含量在九%以下。這種堆肥不容易傷害土壤，更能抑制腐敗菌的滋生，除了完全符合上述條件，麴堆肥還擁有麴才具備的卓越特色。

麴菌讓土壤中的好菌（放線菌或其他細菌）活力大增。

於是，優質土壤判定標準的團粒構造*59大量生成，土質變得十分鬆軟。當然，**農作物的品質也好，收成也罷，都會大幅增加**。

順道一提，我們公司憑藉這種技術生產的堆肥，在鹿兒島縣主辦的堆肥大賽，連續二年獲得優勝。豬糞做的堆肥得到優勝還是頭一遭，因而聲名大噪，一舉打響名號。

---

*59 若干土壤微粒黏結在一起，形成小塊團聚體的一種土壤結構。團粒構造的土壤，大小孔隙均勻，結構穩定，有著良好的保水性和通氣性，是適合耕作的土壤。

還有一件趣事，有天某一流大學的土壤學教授帶著學生，到我的農場參觀。當時我為了方便比較，花費半年的時間，在施用麴堆肥的蕎麥田旁邊，另外開闢一塊施用普通堆肥的蕎麥田。結果，用麴堆肥的蕎麥田產出的蕎麥，是隔壁田地的二倍大，而且麴堆肥的土壤十分鬆軟，腳一踩竟然會陷入五公分之深。

這讓一群學者驚嘆連連，教授甚至對學生這麼說：

「各位，看到眼前的蕎麥田了嗎？是不是很了不起呀？人家山元是土壤的門外漢，卻有了這麼棒的成果。他對氮肥、磷酸、鉀肥的了解，肯定不如你我，但是結果說明一切。只要土壤細菌的活性足夠，就可以彌補養分不均的缺點，造就這麼棒的土壤。至今為止，我們的研究始終在殺死土壤細菌上打轉，但是如果換一個角度，轉而研究土壤細菌帶給土壤的效果，相信幾千篇論文都能寫出來了，大家加油！」

藉著麴之力，將食品廢棄物回收再利用。從這個念頭出發，陸續發展出麴的利用方法，甚至生產出能讓食物更美味的有機肥料。

在麴的幫忙下，我們真正做到資源循環、永續利用。關於這些，後面會再詳細介紹。

直到現在，我仍然時常被麴的特性所驚喜，真是太神奇了。

吃麴的家畜肥美又健康①

麴飼料讓家畜快快長大

把麴放入飼料中，效果超好！自從發現這一點後，我便繼續研究，想要開發出更好、更進步的麴飼料。我把這種飼料取名為「新河內黑麴菌」，持續在牛隻、豬隻、雞隻身上進行實驗與研究，事實證明，這種東西就連對畜產界也只有好處，沒有壞處。

接著，就來說說吃了「新河內黑麴菌」（以下簡稱「麴飼料」）的家畜，發生什麼變化。

首先，是**用豬隻進行的實驗，發現豬隻的成長效率提高一成**。

通常豬農養豬要養到六個月大才能出售，這時候豬隻的體重大概是一百一十公斤。

然而，吃麴飼料的豬最多只要五個半月，就可以長到一百一十公斤。換算下來，周轉率提高一成，營業額也提高一成。

話說回來，如果為了讓豬隻快快長大而投入的飼料成本沒有降低，就算周轉率提高也沒有意義。豬隻的飼料轉換率*60平均為三．〇，然而用麴飼料的話，就可以降到二．七至二．八。**用比平常少的飼料，就可以把豬養得一樣胖，這不是大大節省飼料費嗎**？

如今持續改良進步的麴飼料，更端出更好的成果。

吃了麴飼料後，體型會比正常大，這在肉雞身上也發生了。第二章也曾經提到，麴有「減壓、瘦身的效果」，**壓力減輕能夠抑制肌肉的分解，於是肌肉量便增加了**。

在牛隻身上也一樣，所謂的食用牛，等級為A級的肉牛，通常一頭要養到八百公斤才能販售。然而，把麴飼料混在普通飼料中，一天給牠吃三十公克，牛隻隨隨便便就可以長到九百公斤以上。這意味著什麼？收入增加，錢多多呀（笑）！

為了讓家畜快快長大，與其投餵大量卻消化不了的飼料，倒不如弄一點麴飼料給家畜吃，省錢也省事，不是嗎？

*60 是指「每增加一公斤體重需要投入多少飼料的比率」。

吃麴的家畜肥美又健康②

肉和蛋的品質都提升了

食用的牛或豬，如果只是體型變大，但肉不好吃，也沒有什麼意義。因此做實驗時，我們也一定會進行口味的分析。

第一五五頁的那個實驗，我們也曾進行味道評測。相較於沒有餵食麴飼料的豬，**大部分的人認為餵食麴飼料的豬比較美味**，不管口感、油脂的豐富程度、香氣、多汁、鮮味、風味或整體評價上，都是如此。

還有一次，我們舉辦他縣的特產豬與麴飼料豬的試吃大會，拿它們來煮燒肉和涮涮鍋後做評比。

結果，「麴飼料豬」被大家搶食一空，另外一種豬還有剩下。往涮涮鍋的鍋底一看，「麴飼料豬」的鍋底完全沒有浮沫，湯到最後還是很清澈，另一種豬的鍋底則浮著一層浮沫。

聽說麴飼料豬幾乎吃不出腥騷味，因而受到人們的喜愛。

不光是豬，麴飼料牛也很優秀，鹿兒島縣的肉牛業者中，已經有人認知到麴的好處。

在第四十四屆九州管內系統和牛屠體共勵會上，**遙遙取得領先、獲得優勝的肉牛農戶，就是我家種麴的愛用者**。

雞隻也是，**吃麴飼料的雞產下的蛋，經過評比，品質為日本第一**。現在它有一個好聽的名字，叫「薩摩赤玉」（黑麴菌物語），也已經對外販售，我家都拿來做生雞蛋拌飯，堪稱絕品。

麴飼料不只對畜產業者有著說不盡的好處，對消費者而言，可以吃到「美味」的食材，未嘗不是一件幸福的事。

吃麴的家畜肥美又健康③

不僅牛隻健康，牛乳產量也增加

這次不談肉牛，改談乳牛和牠們生產的牛乳。

其實，在北海道的帶廣，有很多乳牛都吃麴做的飼料，說不定各位喝的牛乳就是由吃麴飼料的乳牛產的。

只要在乳牛每天吃的飼料中**補充三十公克的麴飼料，就可以改變乳牛的腸道環境**。首先，牛的糞便不臭了。

北海道和鹿兒島不一樣，氣候寒冷，因此在正常情況下，發酵溫度很難提高，但是**吃麴飼料的牛隻糞便，發酵溫度會比平常高出攝氏二十度**，這意味著全熟堆肥很快就可以完成。

令人驚訝的還在後頭，**牛的受胎率竟然成長三〇%之多**，這代表牛乳的產量也會跟著增加。母牛沒有懷孕，便不會分泌乳汁，因此要讓擠乳的母牛增加，懷孕率就必須提高才行。

再者，無法懷孕的乳牛通常會被當作肉牛廢棄，這下子就連廢棄率也減少了一半。乳牛的生育時期延長，**促使農場的年獲利也成長了三二%**。

雞隻也出現類似的情形。養雞業者都知道，近年來雞的產蛋率約為九五%，也就是一百隻雞每天大概會生下九十五顆蛋。

並不是說餵食麴飼料後，一百隻雞就會生出一百顆蛋。

而是本來已經不會下蛋的雞，竟然又會下蛋了，而且蛋的品質還出奇地好。打開蛋後，蛋黃圓厚飽滿，和平常不一樣。

在正常情況下，平均一年就要換一批雞，淘汰不會下蛋的雞，然而餵食我家麴飼料的雞，可以整整下二年的蛋。

而且**不管豬隻、牛隻還是雞隻，壓力少就不容易生病。不僅品質提高，豬舍、牛舍、雞舍也都不臭了**。

使用麴飼料的好處一堆，壞處卻一樣也沒有，這下子清楚了吧？

麴可以做到理想的資源回收再利用

從燒酒廢液的處理、食品廢棄物的處理，我想到利用麴的新方法，如果這個方法**能被更多業者採用，運用在畜產與農作物的種植上，理想的循環經濟就有可能實現**。這個循環的流程如下：

①回收食品業者或工廠產生的食品廢棄物，做成麴飼料。

②把用麴做成的飼料餵給豬隻吃，畜舍地板鋪上木屑。

③動物排泄在木屑上，取這些木屑做成堆肥，進行發酵，做成全熟堆肥。

④提供全熟堆肥給附近農戶使用，種植出好的作物來養豬。豬隻養大後，變成食物，送往食品加工廠↓從①開始新的循環。

看吧！是不是銜接得剛剛好，一點都不浪費？

這個循環目前已經有部分環節在進行了。

根據日本農林水產省及環境省統計的資料顯示，二〇一六年**日本的食品廢棄物**

總量高達二千七百五十九萬公噸，其中光是沒壞，還可以吃的東西，所謂的「食物浪費」就占了六百四十三萬公噸，真的很誇張。

這些浪費要是**有一半，不，三分之一就好，被做成麴飼料再利用，就可以實現效率非常好的資源回收**。

因此，我希望日本的家畜飼料不要只仰賴美國進口，也試試看我們自己生產的麴吧！

使用麴飼料不僅能讓家畜快快長大，還能節省飼料費，讓畜舍少了惡臭，唯一的開銷就是買種麴的錢。

舉全國之力，就算各家企業再怎麼努力推動資源回收，每年超過二千萬公噸的食品廢棄物也不可能全部做成堆肥，姑且不說曠日費時，光是加熱乾燥就要用掉多少化石燃料？

再說「食物浪費」好了，這個現象一年比一年還要嚴重，已經變成大家關心的議題。然而，只要**使用麴，把它變成飼料，就可以解決一部分食物浪費的問題**。**麴不只可以拯救人類、更可以拯救日本，甚至全世界**，它已經證明給我們看了，我們也已經掌握證據。

基因改造本身並不可怕!?用麴解農藥的毒！

我認為「麴可以拯救全世界」、「是振興日本的解方」，並不只是因為它對環境問題有所貢獻。

日本現在面臨的是嚴重的少子化問題。

現代年輕男性每ｃｃ精液的精蟲數目，頂多就八千萬至一億隻，據說以前每ｃｃ的精蟲數是三億隻。

我在想這和**長年使用農藥脫離不了關係**。

怎麼說呢？第一章也曾提到，因為使用除草劑，導致種出的稻米含有鄰苯二甲酸酯的成分。而且根據我與鹿兒島大學林國興教授的研究發現，**鄰苯二甲酸酯便是造成老鼠睪丸變小的原因**。

除草劑在日本農業的運用十分廣泛，當然，美國人也會使用除草劑。家畜吃的玉米，以及僅次於麴，同為和食根基的大豆，都是從美國進口。

二〇一五年的資料顯示，**從美國進口最多玉米的國家，美國玉米的第一大出口國是日本**。而日本自己生產的大豆只能滿足全國需求的七%，因此只能仰賴進口。

說到從美國進口的食物，大家總會想到「基因改造食物」，除了對它不放心外，更多的是反對和抗拒，然而，**基因改造食物到底哪裡不好？我想大家並不是真的清楚必須害怕它的理由**。

雜草會妨礙玉米或大豆的收成，為了消滅雜草，人類使用除草劑。使用除草劑時，為了避免把農作物也殺死，因此利用基因改良技術，製造出更強悍、能應付農藥的農作物。因此可怕的是，這些**大豆、玉米吸收大量除草劑的事實**，而不是基因改造這件事。

林國興教授的研究告訴我們，即便除草劑的降解產物只有ｐｐｂ（十億分之一）的濃度，都可以讓老鼠的睪丸縮小三成。玉米、大豆吸收了這些降解產物，人類再吃下這些玉米和大豆，你猜會發生什麼事？

美國那邊聲稱：「玉米、大豆都是牛和豬在吃的，沒關係。」問題是，大豆在日本是人吃的食物。因此，人類要不要研發基因改造食物，我沒有意見，只是希望不要使用除草劑。

更何況**國內家畜吃的都是進口飼料，吃這些玉米、大豆的牛、豬體內肯定會有農藥殘留**，對吧？

然後，我們再把這些牛、豬吃下肚……。因此，**要完全避開除草劑的毒害，幾乎是不可能的**。

也不是說選有機栽培的蔬菜或稻米來吃，或是挑選飼料特別講究的牛、豬來吃，是完全無效、沒有意義的。然而，就像前面所說的，地膜覆蓋栽培法使用的塑膠布也含有鄰苯二甲酸酯。真要一〇〇%避開，就沒有東西可吃了，要讓這些毒素完全不進入身體，非常困難。

這時麴就派上用場了，而且僅限於黑麴與白麴，這兩種麴菌能有效分解鄰苯二甲酸酯。

此外，在第二章也曾提到，正在做不孕治療的男性，自從吃了白麴的保健食品，精蟲數一下子增加許多。女性懷孕的機率也提高了，從我們公司開始，這樣的例子比比皆是。

排除對身體有害的成分，調整到容易懷孕的狀態。

這也是麴的功能之一。

麴什麼都沒做？關鍵在「共生」

麴發酵時產生的力量，以及這種力量的效果，在前面草草介紹一堆，不知道你是否已經了解麴的偉大之處？

麴真的對人類的身體、地球的環境，只有好處，沒有壞處，**麴真的是令人驚奇的微生物**。

不僅如此，我認為我們尚未解鎖麴的全部力量。

因為**麴不是只有自己在活動，它們從來不會單打獨鬥**。

當然，酵素是麴菌自己產生的，幫助其他益生菌增加、變得更有活力，也是麴在做的事。

然而，麴不會和引發疾病或不適症狀的病原菌打架，不會自己直接去做什麼。

在第二章中提到，丁氧基丁醇的增加，能抑制壓力的產生，於是我就在想，丁氧基丁醇會不會是麴產生的？進而做了調查，結果發現麴並不會直接製造這樣物質。

可是雞隻腸道裡的丁氧基丁醇確實增加了，看來應該是**麴營造了有利丁氧基丁醇增加的環境**。

酪酸菌也一樣，酪酸菌來自酪酸，麴做的是打造適合酪酸增加的環境，如此而已。

這些現象，要用現代西方科學的思維證明十分困難。

其實，我在二〇一五年布拉格舉辦的EU家禽學會上曾發表一篇論文，內容提到，只要在飼料裡加入少許麴菌，就可以讓雞盲腸裡的酪酸增加，遺憾的是並未受到重視。

歐美科學家似乎不太能夠理解共生的概念。

西方科學的思維很簡單，是線性的，有A才有B，有B才有C。

假設今天要醫治某種傳染病，他們會先找擁有特殊武器的微生物，直接殺死引發疾病的病原體（細菌或病毒）。

只是，光憑這樣的思維，無法理解麴創造的世界。

關鍵在「共生」二字，這才是麴的中心思想。

把A、B、C、D湊齊了，E自然就產生。**這個說起來比較符合東方醫學的思維**，也難怪歐美人士不太能夠理解。

以釀造酒為例，啤酒或葡萄酒的酒精濃度大都在一三%以下。之所以維持在一三%以下的濃度，是因為再高的話，酵母會被酒精殺死，失去活性，所以在歐美人士的想像裡，酒精濃度一三%至一四%已是極限（蒸餾酒另當別論）。

然而，燒酒醪（將蒸熟的米飯搗碎製成的初期發酵物）的度數就有一五%至二○%。日本酒的度數大多為一五%，那是因為日本政府規定「以日本酒名義販售的酒類，酒精濃度必須低於二二%」。不過，市面上還是可以看到二十度的日本酒。

聽聞這件事的歐美人士，紛紛感到驚訝道：「怎麼可以達到這麼高的度數？真是亞洲的奇蹟。」

這個道理很簡單，日本採用的是**並行複發酵**[*61]**的釀酒方法，讓糖化與發酵同時進行，一邊利用麴讓蒸米糖化，產生葡萄糖，一邊讓酵母吃掉糖，製造出酒精**。

葡萄酒採用的是單發酵（只有發酵，沒有糖化），啤酒則是單行複發酵（先糖化，後發酵），兩者都是一次只做一件事，只進行一道工序。

反觀日本酒，**麴菌和酵母在同一工序，同時進行著兩件事，合力把酒製造出來**。

其實，要釀造出度數高的酒也不難，只要確保酵母的活性就行了。酵母有活力，就能把糖全部吃光。糖分無法累積，就不會抑制發酵的進行，酒精就能持續被製造出來。進一步調查後發現，**麴裡就有提高酵母酒精耐性的物質**。

只要有麴，酵母即使在濃度高的酒精中仍然能持續發酵。

可以說，**是麴讓酵母的工作效率變好了**。

而這正是麴的特色與魅力。

---

*61 澱粉糖化與酒精發酵兩道工序合而為一，同時並行的釀酒工法。

麴讓周遭的人、事、物，全部朝著好的方向前進。它調整好所處的環境，幫助其他生物也能快活地工作，**絕對不和其他物種搶奪、爭鬥**。

這便是**麴獨有的「共生」哲學**。

也因此，想要做實驗證明它有什麼效果，總是非常困難。因為需要監測的對象不只一個，光是調查麴和其他生物的關係，就需要很長的時間。

再看人類，光靠自己一個人也絕對不可能存活，我們吃肉、吃米、吃菜，也吃魚，藉此餵養腸道或皮膚表面的眾多微生物。

每個人的體內，各種代謝活動正在進行，而這些由生物引起的代謝活動錯綜複雜、互相影響。這種現象在其他動物身上也可以看到，甚至在土壤中、海洋等地球的自然環境裡也是如此。

而麴所做的，是**把環境打理好，讓生活在其中的大家都變得更好**。從結論來看，麴讓人或動物變得更健康。不管是做成堆肥也好，飼料也罷，麴都可以把適合該場合的菌吸引過來，讓它們好好工作。所以，打造出更適合大家生存的環境，就是麴主要的工作。

這種「共生互利」的思維和做法，是人類必須也應該學習的。雖然已經強調很多遍了，但我還是要再說一次，**麴真的是奇蹟似的微生物，是神明賜給人類的最佳禮物**。

而很久以前就和這樣的麴打好關係，將它運用在飲食中，並且傳承的日本人，實在值得誇讚。

除了拿來吃以外，麴在其他方面也能發揮特有的發酵能力，發現這一點後，我想今後不管對人類、對世界、對自然環境，麴都能幫得上忙，而我也將繼續研究。

父子對談

沉迷於麴的魅力，無法自拔

歷經四代，和麴打交道、搏感情的山元家，今天我們請來其中的兩人，請他們談一談麴的新奇、魅力，以及對麴的展望與夢想。

「咦!?麴竟然和毒是同一掛的？」從這樣的衝擊、不可置信，到沉迷於它所展現的真實效果

——兩位現在過著每天只有麴的日子，我想一開始應該不致如此吧？是什麼讓你們決定把生活重心擺在麴的身上呢？

山元正博（以下簡稱「正博」）：「我家是製麴的，從小我就住在工廠裡。早上醒來，總會看到老爸在蒸米，我是在那樣的環境下長大的，這讓我很自然地崇拜著父親，想說自己有一天也要像他一樣，成為製麴達人。所以，**大學就選擇進入發酵學的研究室，沒想到卻被人吐槽說：『可惜啊！我們研究室的麴菌研究已經到盡頭了。』**就是這句話讓我心有不甘（笑）。我心想，麴才不是什麼夕陽產業，它還有很大的發展空間。然而迫於無奈，在我求

學時還是做了一陣子抗癌劑的研究，但我還是覺得麴最好，所以又繞了回來，就此開啟只有麴的人生。」

山元文晴（以下簡稱「文晴」）：「我不太記得了，但我的童年應該都是在麴中度過的。不過和父親不同，我對麴沒有特殊的感情。**看到父親為了麴，那麼辛苦、拚命，我覺得太可怕了，所以麴對我而言，只是某種可怕的東西（笑）**。」

正博：「是哦（笑）？」

文晴：「成為醫生後，我兢兢業業地過了七年正常忙碌的醫生生活，就在這時候，**父親研發出使用白麴成分的保健食品，請我幫忙試用看看（笑）**。我心想，好歹是自家事業，就幫一下忙吧！於是拿給大腸癌的患者飲用，結果正在做化療的患者很明顯恢復食慾。**連患者都問我說：『醫生，這實在太棒了，是什麼這麼有效呢？』然而，那時候我對麴根本就不了解，所以完全回答不出來**。當時，我連日本米麴是黃麴黴菌的同屬都不曉得。」

正博：「後來你肯定嚇壞了吧？」

文晴：「是呀！什麼？麴是有毒的黃麴黴菌!?我簡直嚇呆了，於是開始尋找、翻閱有關麴的論文，結果什麼都沒有。這就奇怪了，我開始覺得麴有點意思。」

——所以，麴勾起你的興趣了吧？

文晴：「正是如此。身為醫生，我多少有些自負，現在的工作也做得挺順利的，不過偶爾還是會倦怠，想要嘗試新鮮事物、想要挑戰自己。**麴是我家的事業，說不定它對醫療真的**

有幫助。可是我沒有證據。既然如此的話，就由我來拿出這個證據。就這樣，我決定踏上研究麴的道路。」

正博：「我是從生物學者的角度研究麴，不是很懂得醫療的世界，就連請他試用保健食品，也是從豬開始試驗起。不過，既然患者吃了有食慾，**代表麴真的對人類有幫助，也間接證明麴的能力。」**

文晴：「我想這個世上應該沒有人會認真看待，麴可以作為醫療處方這件事吧！腸道菌群受到那麼多的矚目，卻沒有人知道，麴可以改善腸道環境，麴產生的酵素對我們的健康大有幫助，看來這件事只有我來做了。不過直到今天，我還是覺得太難了，幾次想打退堂鼓（笑），只能說任重道遠。」

正博：「對此，我倒是樂觀其成，覺得自己終於找到志同道合的夥伴。目前還是由我主導，但是希望有一天能交棒出去，在旁邊做顧問就好，真能那樣就太好了。」

沒有極限！麴的潛力與共生能力

——聽說兩位開始研究麴之後，發生很多讓人驚訝的事。

文晴：「是的。我們陸續發現麴的許多功能，這些在第二章都有介紹。除了那些之外，對曬傷、手粗也都有效，把含有白麴成分的噴霧噴在被太陽曬傷、灼熱刺痛的地方，灼熱感會改善很多。輕微燒燙傷的話，在患處塗抹一下，也能立即見效。對晒傷有效，已經有好幾個人和我反映了。然後就是我的妻子，每天洗碗洗到手都變粗了，甚至還裂開，於是我拿那種噴霧請她試試看，沒想到裂開的地方很快就痊癒，和她牽手的時候，以往手心傳來的粗糙感也完全消失了。」

正博：「我是做了植牙手術後，牙齦痛到不行，於是就拿尚未稀釋、沒有添加防腐劑的白麴噴霧塗抹牙齦，結果你猜怎麼了？還真的就不痛了。」

——我記得化妝品界已經認證麴的美白功能，沒想到它對灼熱、疼痛也有效果，真是太神奇了。

文晴：「所以**我有把握，它絕對可以應用在醫療或保健上，只是目前拿得出來的證據太少了**。為今之計，**只有我站在臨床第一線，一邊試用，一邊蒐集可靠的數據**。麴能產生的物質五花八門，『到底麴是如何促成這樣的效果？是裡面的成分什麼有效？』要證明這些實在太難，也太花時間了。所以我才想說，讓患者試喝看看，累積足夠的臨床案例來做證明。」

正博：「沒錯，**麴壓根不適用先有A再有B，再有C的邏輯，因為麴從來不是主角**。吃了麴之後，腸道環境改善了，進而產生許多好的作用。就像書中曾提到的，在肉雞的飼料裡加麴，發現牠們的體內會產生一種名叫丁氧基丁醇、有助於抑制壓力的物質。於是，我們會直覺地認為，是麴產生、製造丁氧基丁醇。然而，經過調查後發現，麴什麼事都沒做。這毫無道理，因為吃一般飼料的雞隻體內並不會產生丁氧基丁醇，所以肯定和麴脫離不了關係，只是麴在裡面不是主角。我在想應該是麴進入腸道裡，裡面將近一千種的細菌馬上竄出來，啪啪地做成丁氧基丁醇。把主角召喚出來的環境是麴做的，酪酸也是被麴捧出來的主角之一。因此，**麴最大的功能便是『互利共生』**。」

文晴：「身為一位研究人員，我從來沒遇過這麼難纏的對手，怎麼會有人的特色是『互利共生』？真是搞不懂。」

正博：「難纏是吧（笑）！（我大學的恩師（是發酵界有名的大師）也說：『接下來是共生的時代』。他在某私立大學任教十年，退休時有感而發地說道：『**對學者而言，共生真是一門很難的學問，你站穩腳跟，我便無立足之地。**』**在共生的世界裡，遊刃有餘的偉大英雄，麴當之無愧。**」

碰到瓶頸的時候，突然聽到神的聲音

——兩位做的都是大家不曾也不願意做的研究，是否有失敗、挫折的經驗？

文晴：「我還在學習中，不敢說有，就算有，也要把失敗、挫折當作一種學習。不過，我真心覺得麴是難纏的對手，越研究就越搞不懂，很難得到成果。」

正博：「我天生就很有毅力（笑），從來沒想過要放棄。不過，**有一陣子真的很辛苦，**

那是我嘗試用麴讓燒酒廢液發酵的時候。對我而言，那是關鍵時刻，勝敗就在此一舉。喜歡麴的菌實在太多了，因此每次只要一開始發酵，就會產生大量的菌。其中又以生成醋的醋酸菌最麻煩，醋酸菌擁有很強的殺菌力，一旦麴沾上它，就什麼都完了。因為醋會把麴殺死，廢液就不會發熱。發酵失敗的廢液是工業廢棄物，只能花錢請人處理，然後一切又要從頭開始。可是只要醋酸菌產生，一整缸廢液又要完蛋。就這樣試了好幾次都不成功，幾乎都要放棄了。就在這時候，我按照家族慣例，前往伊勢神宮參拜。正當雙手合十對著伊勢大神參拜時，耳邊突然響起一個聲音：『要不要倒油試看看？』我知道麴會吃掉油脂，或許這是一個好方法，於是馬上聯絡公司的員工，告訴對方倒入餐廳的廢油。結果第二天，電話就來了：『社長，溫度上升啦！』我在想應該是醋酸菌不喜歡油吧！從此以後，發酵就一直很穩定進行，這是神明給我的啟示。」

文晴：「只能說皇天不負苦心人。父親背後付出的心血，又有誰看見了？」

正博：「容易懂、簡單的事，任誰都可以做到。**想要發明前所未有的新事物，只能靠著機緣巧合，不斷累積**。然而，巧合的發生率微乎其微，可是不知為什麼，有些人就是特別容易遇到。你說他是天選之人嗎？我不知道，就連這個『倒一些油進去』的想法，也覺得不是自己想出來，而是神明告訴我的。**如今現代科學的發展已經到達極限，想要再有什麼新發現，肯定要有一個突破點或是第六感**，我認為是神明帶來啟發。這個世上少了這份機緣而沒有被發現的事物，肯定還有很多，**像麴就是一個錯綜複雜、難以理解的存在，我想這樣的事以後應該還會遇到吧！」**

麴菌和黴菌是同類，卻沒有毒，實在太不可思議了

——這次我得到很多與麴相關的知識，但最讓我驚訝的是，麴和有毒的黴菌是同類，卻沒有毒，這是怎麼一回事？想請教一下兩位的看法。

正博：「我的看法完全不符合科學，你可能會嚇一跳。日本米麴和有毒的黃麴黴菌屬於同一家族，可是偏偏缺乏會產生毒素的基因。要發現這一點，肯定要有人做嘗百草的神農氏。一般認為，那是科學家在收集好菌時，不小心發現了它，但是你想想，要從一堆毒菌裡把它挑出來，早就被毒死了。更何況日本在數千年前就開始釀酒，當時沒有像現在的科學家，沒有人能分辨毒菌或好菌。因此我認為，**早在現在的人類以前，就存在非常高度的文明，那個文明消失了，但是能拯救後代子孫的研發技術被保留下來，它就是我們口中的麴。聽起來像是天方夜譚吧**（笑）**！**因為如果不這麼想，實在無法理解**麴這種神奇的生物，不僅對人類的健康有幫助，還能讓廢棄物變成可再利用的資源，恢復土壤的生機**。相較於腸道環境對人類的重要性，地球的腸道環境就是土壤，想要改善它，談何容易？只能藉由古文

明留給現代人的遺物，『你們肯定也會遇到相同的問題，到時候麴就會派上用場了。』我是這麼想的，只是這種看法一點都不科學（笑）。」

文晴：「有這麼偉大的言論在前面，我實在不知該說什麼（笑）。不過，其實我也覺得麴應該不是人類創造的。怎麼說呢？其他黃麴黴屬的黴菌、引起肺炎的黴菌，自古就存在於日本了。如果麴菌是為了與人類共生，才進化成無毒的話，其他黃麴黴菌應該也要這樣才對，但是結果並非如此。所以我覺得，應該是一開始就把它們分開製造，做成不一樣的東西。**把原本毒性高的東西，去除毒性，做成沒有毒的東西，我覺得這樣的可能性滿高的**。就說現在的基因改造技術好了，已經可以使用黴菌酵素，利用反轉錄病毒進行基因的改造。如果古文明真的存在，我不相信當時的人不會。雖然不確定是在多久之前，不過**生物學也曾經發達璀璨，在研究的過程中，麴誕生了，我覺得不能排除這樣的可能性**。因為若是自然演變的話，會全部都演變，不可能只針對毒這個部分，這太奇怪了，所以可能古人在無意中把毒拿掉了，麴其實是古代的遺產。」

正博：「然後日本人再利用麴釀酒或做成食物，才流傳下來，這也是我一心想要推廣它的原因。」

用麴拯救世界，開啟充滿希望的未來

——最後一個問題，對兩位來說，麴是怎樣的存在？

正博：「**我覺得麴是拯救世界的存在。最近，我開始產生這樣的信念，覺得自己就是為了發揚麴而生**。當然，這本書中講的，我會繼續進行，不過我現在比較擔心故鄉鹿兒島縣大隅半島的土壤，如今大隅半島的牛豬排泄物，已經追上東京都民一整年的排放量，氮氣的排放量也十分驚人。這種現象導致名為硝酸態氮的致癌物質慢慢滲透到地底下，大範圍的地下水被汙染，都不能飲用。然而，根據我的調查，麴也會吃硝酸態氮。在培養麴菌時，放入硝酸態氮，麴會加以吸收，變成菌體蛋白。我還在研究中，如果研究成功，大隅半島的問題就有解決辦法了。」

文晴：「我沒有父親那麼遠大的夢想（笑），**只希望麴菌能真正走入醫療現場，能被更廣泛地應用**。起碼能和乳酸菌、比菲德氏菌這些受歡迎的整腸劑並駕齊驅，這樣我就很開心了。最近糞便移植的話題又被炒熱，我覺得根本不必做什麼糞便移植，**只要吃麴就好，麴自然會幫你把身體調整到最佳狀態**。當然，可能有一些人吃了麴，還是沒有改變，是因為平常大家吃的不是黑麴，也不是白麴。我做了實際的臨床實驗，只要一個月，所有人的抑制性T細胞都增加了，腸道環境明顯改善。特別是白麴，不管對平常有沒有吃麴的人，都有同樣的效果。不僅如此，毛髮生長出來、傷口能很快痊癒，**這些都是麴的功勞，是麴讓細胞恢復元氣。如果把麴的這項特點應用在手術上，應該會很有意思吧？」**

正博：「沒錯，**麴確實有很多意想不到的功能，因此我希望能有更多領域的專家、學者投入研究的陣營，讓麴在日本開花結果**。到時候說不定只看重成果的西方人看到了，還會跑來日本取經，求我們把技術賣給他們。不過，如果真的那樣又太可惜了，我還是希望日本養大的麴能夠留在日本，由日本人發揚光大。雖然現在的我還在孤軍奮鬥，**但是我相信，只要有越來越多學者理解我所說的，總有一天，日本能驕傲地把麴介紹給全世界，希望這樣的時代能趕快到來。**」

——麴大展身手的未來，感覺你非常看好它。

正博：「那是自然的，它是全世界的救星（笑）。書中無法一一介紹，但像是用麴製作宇宙食品怎麼樣？或是用麴做嬰兒吃的健康食品？完全不加砂糖，卻有自然甜味；或者反過來，做成給老年人吃的健康食品？我有數不清的想法和點子，雖然有些細節尚未釐清，但是根據我和某所大學的共同研究，白麴的保健食品確實有助孕的功效，在老鼠身上實驗，不僅精蟲數增加，甚至出現基因突變的精子被修復的驚人成果。**懇請醫學家、科學家重新看過來，和我一起研究麴。麴還有很多不為人知的潛力，絕對不是什麼夕陽產業。**」

國家圖書館出版品預行編目(CIP)資料

驚人的發酵力：用麴實現美味・健康・永續新生活/山元正博、山元文晴著；婁美蓮譯.-- 初版. -- 新北市：方舟文化，遠足文化事業股份有限公司， 2023.12
192面；17*23公分. -- (醫藥新知；27)
譯自：麹親子の発酵はすごい！
ISBN 978-626-7291-71-9(平裝)

1.CST：酸酵 2.CST：酸酵工業 3.CST：健康法

463.8 112017474

醫藥新知 0027

驚人的發酵力

用麴實現美味・健康・永續新生活

麴親子の発酵はすごい！

作　　者　山元正博、山元文晴
譯　　者　婁美蓮
封面設計　Atelier Design Ours
內頁排版　菩薩蠻電腦科技有限公司
特約編輯　蘇淑君
主　　編　錢滿姿
行銷主任　許文薰
總 編 輯　林淑雯

出 版 者　方舟文化／遠足文化事業股份有限公司
發　　行　遠足文化事業股份有限公司（讀書共和國出版集團）
231新北市新店區民權路108-2號9樓
電話：（02）2218-1417　傳真：（02）8667-1851
劃撥帳號：19504465　戶名：遠足文化事業股份有限公司
客服專線：0800-221-029　E-MAIL：service@bookrep.com.tw
網　　站　www.bookrep.com.tw
印　　製　通南彩印股份有限公司　電話：（02）2221-3532
法律顧問　華洋法律事務所　蘇文生律師

定　　價　480元
初版一刷　2023年12月